国家地理
动物百科全书

ANIMAL
ENCYCLOPEDIA

哺乳动物

有蹄动物

西班牙 Sol90 出版公司◎著
任艳丽◎译

山西出版传媒集团 山西人民出版社

目录

CATALOGUE

ANIMAL ENCYCLOPEDIA

国家地理视角 01

有蹄动物 09

什么是有蹄动物 10

角和蹄 12

举止行为 14

迁徙 16

受威胁的有蹄动物 18

因角被猎杀 20

奇蹄目 23

马及其近亲 24

貘 29

犀牛 30

偶蹄目 35

猪及其近亲 36

西猯 39

河马 40

国家地理特辑 43

骆驼科 48

鹿 52

叉角羚 53

鼷鹿 57

麝鹿 57

长颈鹿 58

牛科 60

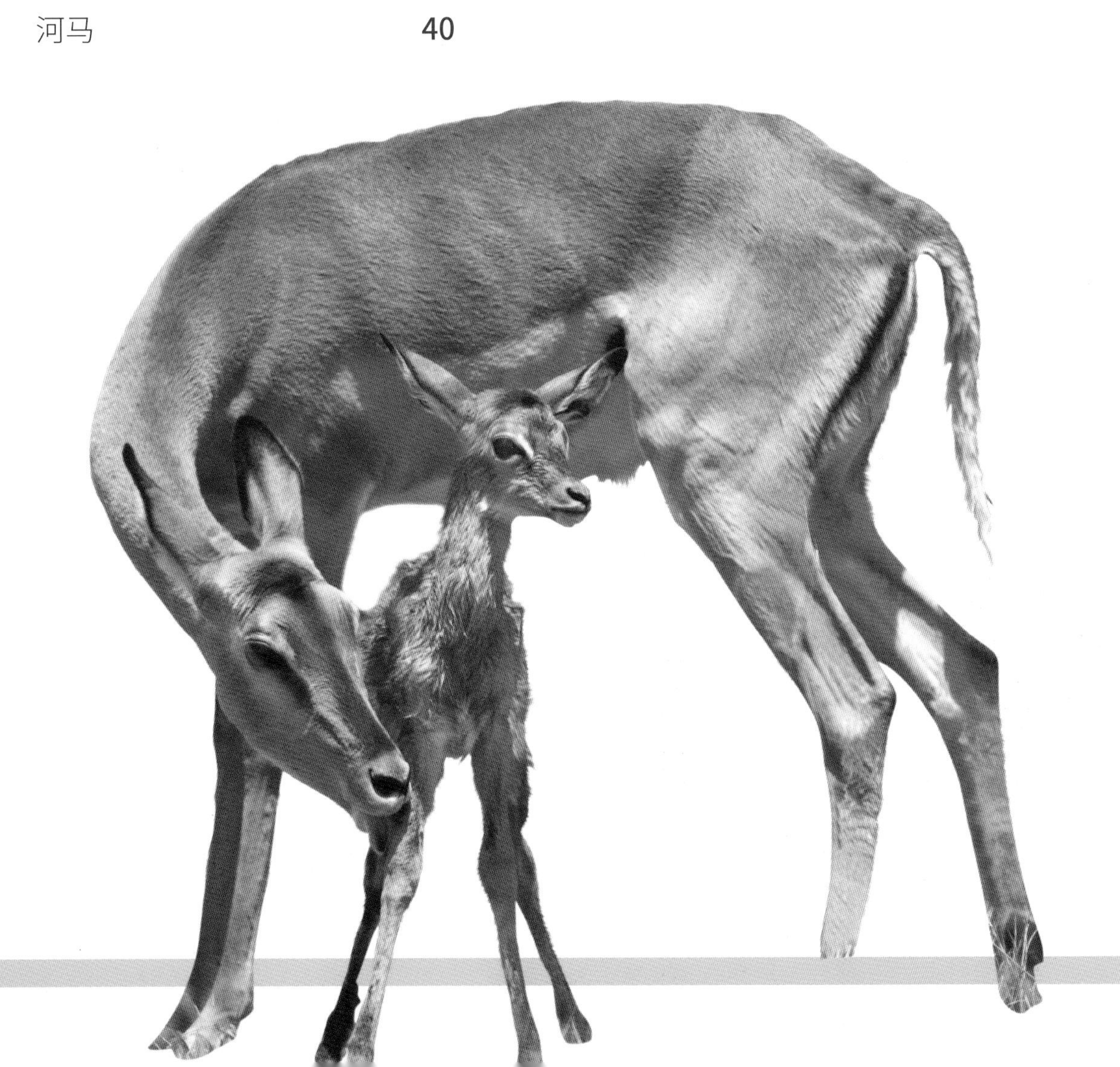

有蹄动物，迁徙

饥饿驱使

很多有蹄动物为获取食物会进行迁徙。在塞伦盖蒂每年有数十万只斑纹角马（*Connochaetes taurinus*）排成长队进行迁徙，所经之处，都会扬起云团似的灰尘。这些动物群奔向雨水充足的地区。

寻找食物

在迁徙时，动物群仍保持着以前的行为习惯——用一定的时间来进食、休息和消化。美洲野牛（*Bison bison*）分别用2个小时交替着来进食、休息和反刍。随后，排成方阵去寻找有更多牧草的地方。

克服困难

迁徙途中，动物群要避开它们的捕食者，穿过广阔的平原，越过河流。北美驯鹿（*Rangifer tarandus*）在北极度过夏季，冬季则向南迁徙。尽管天气严寒，但厚实的皮毛能帮助它们保持体温。

为生存而奔跑

旱季加速了动物群迁徙的步伐。用尽全部力气，只为尽快找到水和食物。在坦桑尼亚，斑马马不停蹄地奔跑，因为口渴和饥饿把它们逼入困境。此外，捕猎者也在伺机而动，只有团结在一起，才能幸免于难。

有蹄动物

多亏了基因研究，今天我们才认识了“真有蹄类”动物以及它的近亲，它们在群体行为、对环境的适应能力以及在面对困难的方式上都令人吃惊。这是一个包括多种动物的群体，这些动物中被驯养的成员在几千年前就已经陪伴着人类了。

什么是有蹄动物

有蹄这一单词的意思是“有蹄子”，原来只适用于两个目的动物：偶蹄目（比如牛和鹿）和奇蹄目（比如马和貘）。通过现代遗传学和分子生物学的研究，有蹄动物是指那些与在6500万年前出现的一批被称作踝节目的哺乳动物有相同特征的动物。在这一新分类中，不仅包括上面提到的目，还包括其他5个目（比如长鼻目、海牛目和鲸目）。

门：脊索动物门

纲：哺乳纲

目：7

科：13

种：232

系统

最初，有蹄动物的分类中只包括偶蹄目和奇蹄目。新的物种加入后，这些目的动物被称为“真有蹄类”，用以区别其他目。新入群者的依据是和踝节目的亲缘关系。踝节目是古新世时期具有不同特征的哺乳动物，是很多目动物的祖先。其中只有7个目活到了今天，即长鼻目（大象）、管齿目（土豚）、蹄兔目（蹄兔）、海牛目（儒艮和海牛）、鲸目（鲸鱼和海豚）。

尚未确定的一类

最新的基因研究表明鲸目动物和河马之间有着密切的关系。基于这一结论，动物界提出一个新的目，即鲸偶蹄目。基因研究也重构了哺乳动物目与目之间的关系。这样的话，长鼻目、蹄兔目及海牛目与偶蹄目和奇蹄目之间的关系比所想的要远。事实上，后面几个目的动物与食肉动物、穿山甲和蝙蝠有更近的亲缘关系。由此看来，有蹄动物是独立进化发展的，最少形成了哺乳动物中的两个家族。“有蹄动物”这一概念变得模糊不清，有人提出使用它原来的概念，有蹄动物只包括“真有蹄类”动物。

有蹄动物

由于对哺乳动物的谱系的最新解读，把非常不同的动物联系在一起，这一概念的实用性已改变。

分类

有蹄类

偶蹄目

科	例
科：猪科	例：野猪
科：西猯科	例：领西猯
科：河马科	例：倭河马
科：骆驼科	例：双峰骆驼
科：鹿科	例：草原鹿
科：鼷鹿科	例：爪哇鼷鹿
科：麝科	例：黑麝
科：叉角羚科	例：叉角羚
科：长颈鹿科	例：长颈鹿
科：牛科	例：非洲水牛

奇蹄目

科	例
科：马科	例：马
科：貘科	例：马来貘
科：犀科	例：白犀牛

进化

有蹄动物的牙齿一生中都在不停地生长。它们牙齿上有珐琅质牙线，使牙齿表面更加耐磨，方便咀嚼植物。牙齿的这一进化主要体现在一些动物群体的化石上。

马的臼齿

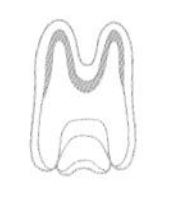

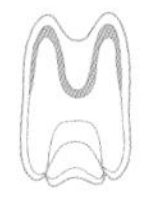

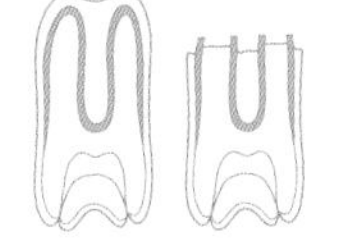

时期	始新世早期	始新世晚期	中新世中期	中新世晚期	更新世至今

正宗的

不管是奇蹄目动物还是偶蹄目动物都是“真有蹄类”的有蹄动物。

偶蹄目和奇蹄目

尽管这两个目的动物外形相同，但是它们之间的亲缘关系要远于它们和其他有蹄目动物之间的关系。然而，实际上很多次都把它们归为同一类，因为它们有着共同的特征。同其他目不同，它们至少一个指头消失，其他的指头形成角蛋白的蹄子。它们的腿细长，只能在同一个平面上活动。这种适应性使它们能够在平地上大踏步平稳前进，从而保证了运动的高速度。大部分有实角或洞角。只有偶蹄目动物长实角。实角由骨质组成，每年更换一次。而洞角不会脱落，骨质外包着一层角质鞘。

它们的社会组织是多变的。可以独居，也可以成对生活，结成雌性群或者组成两性都有的群体。实际上，所有偶蹄目都是草食动物，长有能磨碎草的平平的臼齿。牙齿的凸起部分是半圆形的，有坚硬的珐琅质。齿冠高，表面复杂，牙齿一生都在生长。在它们的消化系统中有为消化纤维所进行的功能适应。偶蹄目中特殊的一个群体——反刍动物，可以回吐食物，重新进行咀嚼。它们的胃分成4个部分：瘤胃、网胃、瓣胃和皱胃。吃入的食物经过食道，落入瘤胃中进行发酵，在下一阶段进行回吐，食物回到嘴中，进行第二次咀嚼。重复这一过程，随后食物回落到食道，到达网胃和其他的胃中。根据获取食物的方式可以分为食草类动物和食叶类动物。食草类动物只吃牧草。由于禾本科植物是季节性的，在旱季时这些有蹄动物会进行长距离的迁徙来寻找新鲜牧草。食叶类动物以多种植被为食，在恶劣环境下，可以在积雪下或高山地区的岩石中获取食物。它们有可以活动的耳朵，双眼视力良好，嗅觉灵敏。生活在森林中的动物是独居或成对生活。相反，生活在开放地区的动物会结成群体，这样便容易发觉捕食者的存在，被捕获的概率也会降低。很多动物对人类来说有很大的经济价值，因为它们可以提供肉、奶和皮毛。由于它们的力气大和忍耐力强，也被用来当作负重的动物。

蹄

有蹄甲是偶蹄目和奇蹄目动物的共同特征。蹄甲是改变了的指甲，不仅能保护脚部末端，还能承担整个身体的重量。蹄甲是一个创新，是四肢骨头不断拉长、融合的结果，以便能够完成跳跃和快速奔跑的动作。这样有蹄动物才能躲开捕猎者。此外，蹄甲给予保护使它们能在各种地面上进行长距离的移动。比如在漫长的季节性迁徙时。

饮食

草食动物能够有效地从植物细胞壁中吸取纤维素的能量。具体来说，“真有蹄类”的有蹄动物发展了两种基本的吸收营养的方法，一种是食物缓慢通过消化系统，另一种是把食物咀嚼2次。

微生物

消化系统中的真菌、原生动物、细菌使纤维素发酵，进而被吸收。

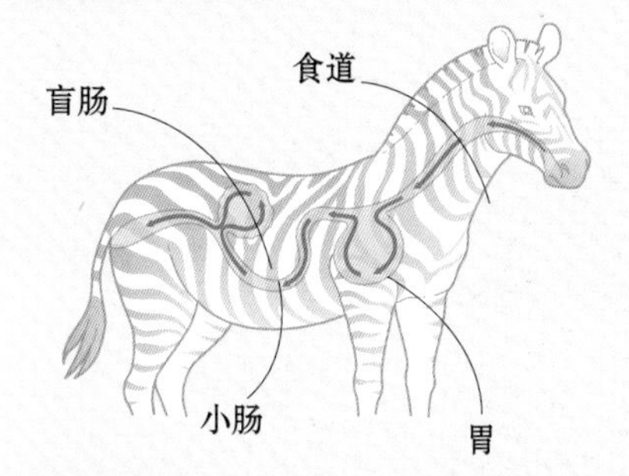

后胃发酵

胃的结构很简单。食物在胃中循环缓慢。在盲肠和结肠内对食物进行发酵。这是奇蹄目动物所独有的特征。

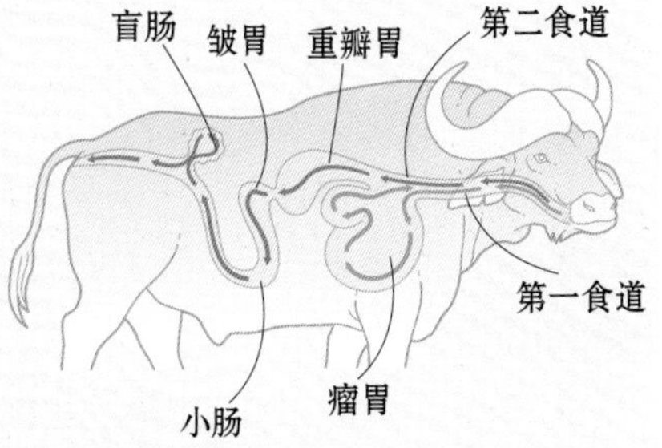

反刍动物

食物进入瘤胃，在那里进行发酵。随后又回到嘴中，再次咀嚼。最后吞入食物，食物通过其他消化器官进行消化。

角和蹄

在进化过程中，有蹄动物逐渐具备了以下特征：蹄、实角和洞
这些附属物是由角蛋白构成的。角蛋白是一种蛋白质，使蹄和角
造一致，并且异常牢固。有了这些特性，它们的四肢帮助它们跑得更
时间更久。此外，角在雌性选择雄性进行交配时也会发挥很重要的作

有蹄动物独有的特征

有蹄动物身上有一些其他哺乳动物所没有的独特特征，比如减少手和脚上的骨头，以此为代价，长出蹄甲。角是一些有蹄动物的特征，有四种类型：牛科动物的角质鞘（洞角）、鹿科动物老化脱落的角（实角）、长颈鹿科动物一直生长的角（长颈鹿角）和犀牛科动物由角质纤维所组成的角（表皮角）。

性别二态性

很多有蹄动物身上有明显的性别二态性特征，这一点可以从雄性的洞角或实角的生长上看出来。

毛发

毛发稀少（河马）或
毛发浓密（美洲野
牛）。用来御寒（岩
羚羊）或者散热（骆
驼），也可以发出危
险警报（白尾鹿）。

走路时，有蹄动物只用趾尖进行支撑。出于这个原因，它们前肢和后肢其余部分的骨头已经减少，并且每一科动物身上都有不同的进化方式。偶蹄目动物的指头数是双数，奇蹄目则是单数。

威胁

人类为了获取角和皮毛而进行的捕猎，已经威胁到很多有蹄动物。

进化

复杂有分叉的角是一个相对较新的进化现象。

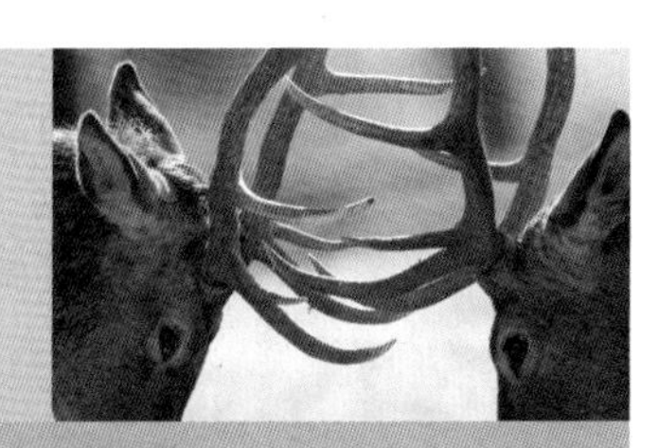

有蹄

有蹄意思是“有蹄或者盔甲”。只有两个目的动物才有真正的蹄：偶蹄目和奇蹄目动物。

洞角

所有的牛科动物都有洞角。骨质角心从额骨上长出来，外面覆盖着一层角质鞘。角质鞘不会脱落，骨质角心也不会脱落。雄性的角基很粗，可以承受很大的冲击力。

角质鞘

骨质角心

血管

角的生长

无角	2~17 厘米	50~80 厘米	105~115 厘米	139~142 厘米
6 个月	1 岁	2 岁	4 岁	13 岁

装饰

角可以是平直的、带槽的、环状的、螺旋形的、弯曲的。很多时候是这几种的结合。

毛发

有蹄动物的毛发有很多作用，比如伪装、引开捕猎者和吸引异性。

蹄子

身体由这些爪的变形物支撑。由蹄匣和肉蹄组成，蹄匣保证肉蹄不断生长，肉蹄围绕着蹄匣，呈圆柱形。这层保护膜保护蹄子柔软的部分不受地面的摩擦、跳跃引起的冲击的影响。在所有的奇蹄目和部分偶蹄目动物中，指头根部有肉垫，减轻了每一步的冲击。在其他偶蹄目动物中，比如猪和反刍动物，只靠指头来支撑整个身体的重量。

速度

很多有蹄动物的奔跑速度要归功于它们那具有独特结构的蹄子。

第一趾骨

第二趾骨

冠状韧带

无感骨板

有感骨板

第三趾骨

蹄甲

有感蹄叉

无感蹄叉

舟形骨

有感蹄掌

无感蹄掌

5

所有有蹄动物的祖先都有5 个指头。

安氏林羚

（*Tragelaphus angasii*）

举止行为

为繁殖而寻找配偶和跑遍大片区域寻找各种植被来填饱肚子都不是容易的事。在发情期，雄性之间会相互争斗，争斗靠头顶、角撞来分出胜负。获胜方获得交配权，和一只或多只雌性交配。通常情况下，每只雌性每胎产下 1 或 2 只幼崽。幼崽将处于极度危险之中，因为会受到捕猎者的攻击。尽管刚来到这个世界，但它们幸存的机会取决于其超乎寻常的奔跑能力。

社会系统

有许多变量影响动物的社会组织方式：栖息地类型、身体体积、季节性繁殖及迁徙行为。受这些因素影响，有蹄动物可以独居、成对生活或组成大小不一的群体。比如黑犀牛是独居，一只雄性和一些雌性共享一片领地。山羚羊则和伴侣占据一些地势崎岖的地区。其他众多群体则分布在更广阔的区域，并且可能有迁徙的习惯，比如斑纹角马和斑马。欧洲马鹿群的一个特征是雌雄两性分开组群，只在发情期才有交流。大群体的形成保护它们不受捕猎者攻击，捕猎者通常需要把群体分散之后，才能开始捕猎。

争斗与迁徙

在繁殖期同类之间的争斗开始显现。当领地被侵占或者想要与雌性交配时，发情激化了雄性之间的争斗。群居动物的雄性一贯表现得比较好战，如汤氏瞪羚会因为领地和交配权而发生冲突，先是采取挑衅的态度，最后会相互顶撞，用角钩住对方直至其中一方撤退。为寻找食物和水而进行的长途跋涉在动物之间起着积极的纽带作用。那时，动物群要穿过等待着它们的捕猎者的领地。很多物种在迁徙途中产下幼崽。停下来时会围成一个圈，幼崽在中间，成年动物在周围。这样可以观察周围环境，保护群体中的弱者。

交流

获取关于周围环境的信息对于个体的生存和种群的延续是至关重要的。大部分马科动物抬起上嘴唇来增加嗅觉能力，它们可通过闻其他动物尿液的味道得知其是否处在发情期。此外，一些种类的雄性使用尿液来标记领地。白犀需要 1~2 平方千米的地方，雌性白犀能进入这片土地进行繁殖。雄性白犀用一泡尿来标记领地界限，尿从后腿间的生殖器中像喷雾一样排出，以此方式和其他雄性及想要交配的雌性进行交流。

牛科动物迫于捕猎者所施加的优胜劣汰的压力，它们的视觉与听觉非常发达。牛科动物眼睛大，视野广，有可以活动的长耳朵。它们嗅觉也很敏锐，它们会用多种方法侦测附近是否有捕猎者，也会使用多种方法告诉同类迫在眉睫的危险，比如哞哞叫和奔跑。

妊娠期

不同科之间，子宫内胎儿生长的时间也不同，有时同科之间时间也不同。有蹄动物的妊娠期为 4~12 个月，长颈鹿和部分犀牛的妊娠期为 15~16 个月。一般可产 1 只幼崽，极少数情况下产 2 或 3 只。猪科动物是个例外，每胎可产下多达 8 只幼崽。

速度与生存

在奇蹄目和偶蹄目动物的自然历史发展中，快速而持久的奔跑是它们突出的能力。大部分跑得比捕猎者要快，这给了它们一个逃跑及幸存的机会。尽管如此，食肉动物的速度和智慧对有蹄动物来说依然是一个难以超越的障碍：它们是野犬群、斑鬣狗群和狮子群的狩猎对象，这些捕猎者会制订非常有效的捕猎计划，单个的猎豹则依靠自己的能力捕获它们。

排行榜

陆生哺乳动物速度最快的前3名中，有2个是有蹄动物——汤氏瞪羚和葛氏瞪羚。

早熟的奔跑健将

新生幼崽有一个先决条件：尽早学会走路和奔跑。这种行为是在进化中获得，使它们能加入群体中，在危险出现时，能及时逃跑。大部分牛科动物，如高角羚（*Aepyceros melampus*）在7个月内只孕育1只幼崽。与它们的捕猎者（猎豹、豹、斑鬣狗、野犬）的幼崽不同的是，刚离开母亲肚子，有蹄动物的幼崽就能站起来，且能看能听。

1 开始分娩
先露出被羊膜包裹着的腿和头。

2 幼崽出生
新生幼崽非常脆弱，母亲必须时刻保持警惕，避免任何东西靠近。

3 保护的天性
母亲甚至不允许同群中的其他成员靠近新生幼崽。自分娩后，母亲就开始保护、哺乳幼崽。幼崽刚出生几小时就学会了奔跑。这项技能减少了其受捕猎者攻击的危险。幼崽和母亲一起，尽快和其他成员汇合，混在体形大的成员中。

看守
雌性在10~100只的群体中照顾它们的幼崽：一些成年雌性放哨，另一些吃草。

迁徙

迁徙意味着一段受本能驱使的群体性的旅程，斑纹角马、斑马、汤氏瞪羚踏上以往不熟悉的土地。迁徙路线通常呈直线，无论遇到诱人的食物，还是遇到危险，迁徙的动物都不会离开它们迁徙的路线。它们会走数千千米到达目的地。

群体活动

随着雨季的到来，牧草生长，塞伦盖蒂再次变成一片绿色。在这种情况下，斑纹角马大量进食并哺育小马。当雨季结束，它们便聚集在一起，开始了向西北的征途。在迁徙途中，捕猎者比如鬣狗和狮子会一直尾随前行，它们会吃掉落后于“大部队”的弱者和病者。

1600 千米

这是这些动物迁徙的里程。

1

4 月

100 万只斑纹角马开始迁徙。50 万只汤氏瞪羚也开始迁徙，它们通常不会到达马赛马拉。

2

5~10 月

50 万只斑纹角马和20 万只斑马将到达肯尼亚。

3

11 月

雨带向南移。它们向反方向迁徙。

4

1~3 月

幼崽出生。

大多数
有蹄动物占据迁徙哺乳动物的大多数。

问题
人类进一步霸占野生环境，使迁徙活动受到威胁。

过河

整个迁徙过程中的最大危险出现在过河的过程中。在选择合适的地点之后，斑纹角马和斑马疯狂地跳过河流。一些会死在动物群的踩踏之下，尸体漂浮在河里。

40万
这是雨季期间，在塞伦盖蒂出生的幼崽的数量

生与死

在迁徙过后，居住在河流两岸的秃鹫和秃鹳等待着尸体的盛宴。失足、踩踏、捕猎者的攻击造成迁徙者的大量死亡。这为多种动物提供了食物，同时也减少了斑纹角马的数量。

水下埋伏
在穿过河流时，一些斑纹角马和斑马会被淹死，或者被鳄鱼捕获，鳄鱼的颌骨会把它们撕成碎片。

受威胁的有蹄动物

人类的活动不一定总产生好的结果，尤其是农田扩张、不加区别的森林砍伐造成植被减少。草原和森林锐减的直接受害者就是这些以植被为食的动物。环境破坏、非法贸易、外来物种的引进也增加了动物受到伤害的风险。

饮食问题

植被的缺少影响了有蹄动物获取营养物质的数量，这种现象是植被覆盖面积减少的直接后果。与此同时，还引发了更多负面的影响。在这些负面影响中最突出的是动物群踩踏未受保护的土地，土地破坏加速了土壤的侵蚀和沙漠化进程。土壤肥沃的地区被破坏，植被的更新不足以养活数量繁多的动物群。而那些以果实为生、居住在森林里的动物则面临着另一个问题：为它们提供食物的树木数量大量减少，由此产生的消极后果影响到食果动物。另外，由于它们粪便中果实种子的减少，使得植被的更新更加缓慢。

人类围栏

人口的增长需要更多的居住空间，比如在平原地区，人们用铁丝把土地分成很多小块，修建公路，为人类及饲养的牲畜运输基本消耗品。人类的需求飞速增长，在自然界中划出人造的界限。为了在可持续发展中满足上述需求并保护自然环境，人们在土地不可避免地被分割前应该先研究此种行为对环境造成的影响，其中包括每个地区可容纳的动物资源、物种如何适应活动面积的减少及栖息地被隔绝等，如何设计连接被隔绝地区的通道，使相应物种在受到干扰最少的情况下，依然能保持其饮食习惯及完成繁殖。

非法狩猎及外来物种

洞角、实角和皮毛通常是人类狩猎的目标。竞技性狩猎要遵守法律条文，这些法律条文明确规定了在特定区域狩猎的时间、地点及物种。但是偷猎活动却使物种的生存陷入危险之中。偷猎的最主要的原因是非法贸易，比如偷猎黑犀（*Diceros bicornis*）。在其他情况下，食物的缺乏会使一个种群的密度下降，生存陷入危险。这种现象对很多物种造成了极大的危害，比如苍羚（*Nanger dama*）。外来物种的引进，比如以狩猎为目的引进的物种，威胁到本土物种，就像发生在智利马驼鹿（*Hippocamelus bisulcus*）身上的一样：放养在巴塔哥尼亚的欧洲马鹿，占据了已被人类改变的生态环境，把智利马驼鹿逼到了灭绝的边缘。

保护措施

无论草原和森林有没有受到保护，都处在长期的剧变过程中。以扩大农田或采集木材为目的的乱砍滥伐是造成这些变化的主要原因，也有来自过度捕猎的压力。过度捕猎造成动物减少，使森林患上了“空林综合征”。此外，有蹄动物的缺少影响了生态系统的运转。通过保护项目，比如在非洲北部及中美洲和南美洲的大西洋沿岸森林中所实施的保护项目，可以研究某特定物种消失带来的影响以及如何控制这种现象。

居氏瞪羚
（*Gazella cuvieri*）
根据国际自然保护联盟的原则，实施再次引入自然环境中的项目，在仍有本土动物的国家推动原址保护。

环颈西猯
（*Tayassu tajacu*）
由于受到频繁狩猎的影响，在一些地区这一物种数量下降或消失。目前正在评估这一现象所带来的长期的生态后果。

保护状况

大部分处在危险中的物种都面临着两个基本问题：农田的边界不断扩大和周围人口的增加，因为这会限定它们能获取食物的范围。

野双峰驼

（*Camelus ferus*）

野双峰驼只剩下950只。它们受到的威胁有捕猎、畜牧养殖造成栖息地的减少和气候变干旱。

普氏野马

（*Equus ferus*）

极危，和家马的杂交不仅使普氏野马丢失了自己特有的基因多样性，还让它们更易生病。

藏羚羊

（*Pantholops hodgsonii*）

藏羚羊是青藏高原的本土物种，面临着灭绝的危险。因为它们生活的环境被“淘金热”所改变，为了获取它们的角、皮革和毛，它们也成了偷猎的目标。

马来貘

（*Tapirus indicus*）

马来貘面临的威胁是农业改变了它们生存的自然环境，同时它们也是非法贸易者的捕猎对象。修建水坝产生的积水淹没了它们生活的地区。

印度水牛

（*Bubalus bubalus*）

濒危，印度水牛的生存依赖于没有消失的热带雨林。乱砍滥伐增加了它们灭绝的概率。

因角被猎杀

非洲和亚洲的犀牛濒临灭绝，是由于捕猎和非法贩卖犀牛角造成的。犀牛角主要被卖往中国制成药材。犀牛角被研磨成末，制成壮阳药或用于治疗多种疾病。中东是另一个交易市场，在那里犀牛角被用来制作匕首的把柄。全世界都在为阻止犀牛数量减少而努力。建立有监护的公园和保护区，打击非法狩猎、育种及圈养繁殖是目前所采取的一些措施。

◀ **极度保护**
犀牛的身边随时都有保护人员。在很多地区，巡逻队24小时跟随犀牛进行保护，就像真正的保镖一样，保护它们远离有武装的准备猎取犀牛角的人。一只角可以卖3.4万美元以上。这是一件对双方来说都有危险的工作：无论是狩猎者还是保护者，都有死亡的记录。

▲ **合法需求**
在保护区和公园内，工作人员有时会抓住动物，麻醉它们，然后割下它们的角，这是为了防止动物死在偷猎者手里。

▼ **防守**
在印度的加济兰加国家公园内，史前就存在的印度犀牛能够活到今天，多亏了反猎巡逻、时刻监视及与犀牛角的非法需求做斗争。

奇蹄目

数百万年前，作为那时最大的草食动物，奇蹄目动物统治着它们所生活的地球。如今是一个数量较少的种群，它们的特征是简单的胃和大大的中趾。它们依然保持着硕大体形，但是包含的种类不多，包括从体形最小的貘到巨大的犀牛。

马及其近亲

门：脊索动物门

纲：哺乳纲

目：奇蹄目

科：1

种：8

马科动物是草食动物，它们的特征是单趾，因为它们的每只脚上只有一个指头，指头末端有一个适应奔跑的蹄甲。它们具有社会性，通常组成群体来生活，一个种群中由一只成年雄性领导，由几只雌性及幼崽组成。最早它们出现在北美洲，然后扩散到世界各地。

Equus zebra

山斑马

体长：2.2~2.6 米
尾长：50 厘米
体重：230~385 千克
社会单位：群居
保护状况：易危
分布范围：非洲西南部

同所有的斑马一样，它们的颜色也是黑色带有白色的纵向条纹。毛发的这个特征有伪装、社会识别辨认、威慑昆虫以及降温（空气可以在深色和浅色的条纹之间流通）的作用。山斑马栖息在海拔高达 2000 米的山地和高原。它们是出色的“攀登者”，与同一科的其他动物比起来，它们的蹄子进化得更适合这项活动。早上和下午的大部分时间它们都在吃草。结成群体，配种的成年雄性有保护斑马群的责任。如果察觉到有捕猎者，雄性会发出警报声。雌性一年可产 1 匹小斑马。

鬃毛是硬挺直立的，斑纹延伸至颈部。

皮毛

黑白色的条纹的末端是白色的腹部。

Equus grevyi

细纹斑马

体长：2.5~3 米
尾长：55~75 厘米
体重：350~450 千克
社会单位：群居
保护状况：濒危
分布范围：埃塞俄比亚和肯尼亚

细纹斑马是体形最大的一种斑马。它们的头很大，耳朵是圆圆的。它们的嘴巴是淡灰色的，吻部是棕色的。脊背上有一道宽的黑色条纹，这道条纹把其他黑色的纵向条纹一分为二，黑色条纹中间夹杂着白色的条纹。它们是非常有领地意识的动物，占据着大片的领地，领头的细纹斑马用尿液和粪便标记领地范围。斑马群的稳定性不强，只在母子之间才有持久的关系。它们栖息在半沙漠地区，可以几天不喝水，以硬草为食。妊娠期为 13 个月，小斑马出生的第一年内一直和母亲生活在一起。

解剖学特征

斑马身体肌肉发达，上面被短毛覆盖。脖子细长，有厚厚的鬃毛。头大，呈三角形。眼睛位于头的两侧，使它们拥有几乎 360 度的广阔视野，但正前方的视野有限，因此要转过头才能看清近距离的物体。耳朵是竖起来的，能转动自如。鼻子柔软，上面有两个大大的鼻孔，使它们能吸入大量氧气。嘴不仅用来进食，还能用来和其他同伴建立联系，判断出雌性是否处于发情期。

行为与饮食

斑马结成群体共同生活，群体的结构基础是等级级别。最强壮的成年雄性是领导者，雌性管理小斑马。在性成熟前，小斑马属于这个斑马群，随后可以组成一个有年轻雄性和雌性的群。斑马主要在白天活动。通常每天都会喝水，但是也可以 3~4 天不喝水。它们有强大的上下切牙，形状像镊子，用来切断吃入的青草。

进化

已知最早的马科动物是始祖马（也叫始马）。体形和犬差不多大，前足有 4 个指头，后足有 3 个指头，指头的末端是蹄子。它的牙齿不是很发达，同现代的马相比，始祖马的眼睛更靠近头中间。据估计，始祖马出现在始新世时期，距今约 6000 万年，由此繁衍进化出适应平原、荒原和沙漠的马族。有大量关于始祖马和马科其他祖先的化石。

Equus quagga

普通斑马

体长：2.15~2.45 米
尾长：45~55 厘米
体重：175~330 千克
社会单位：群居
保护状况：无危
分布范围：非洲东部和南部

普通斑马也被称作平原斑马，除了腹部以外，身体大部分被白色和黑色的条纹覆盖。耳朵短且尖，同细纹斑马不同之处在于它们的条纹更宽、更稀疏。

它们既食用雨季时绿色、柔软的短草，也食用旱季时粗糙的硬草。通常不会远离水源，因为它们每天需要喝大量的水。

它们每年旱季进行迁徙，穿越大片的区域寻找水和食物。通常和斑纹角马及瞪羚联合在一起，因为它们吃高高的坚硬的茎，而其他动物不吃。和长颈鹿一起迁徙，因为长颈鹿长得高，能提前觉察到危险。

群居，斑马群由成年雌性和它们的幼崽以及一匹领头种马组成。在 12 个月的妊娠期后，雌性产下 1 只幼崽。在它出生后不到 1 小时就能站起来走路。雄性斑马用 5 年的时间组建它自己的雌性群，它们会为吸引更多年轻的雌性或者把雌性驱逐出群而争斗。

条纹帮助区分个体，因为每一匹斑马的条纹都是不同的，这就像人类的指纹一样。

腿
它们有很强的适合奔跑的蹄子。

Equus caballus

马

体长：1.7~2.3 米
尾长：50 厘米
体重：500~1000 千克
社会单位：群居
保护状况：无危
分布范围：世界各地，和人类关系密切

头

头大且长。颈部上有长长的鬃毛。

马是草食的四足动物。品种不同，体形大小也会不同。它们的脖子和头一样，都是长长的。腿细长，肌肉发达，适合奔跑，最大时速可达 60 千米/时。四肢关节、膝盖和跗关节分别相当于人类的腕和踝关节。在这些关节下面的腿上只有一根叫作胫骨的主骨。

和人类的关系

据估计最早被驯化的马是在5000~6000 年前，在今天的乌克兰地区。那时马被当作劳动力和交通工具。如今被驯养的马分布在世界各地。一些野马在很多地方定居下来，比如西班牙的海岸或美国的西部。

小马

出生后的15~25 分钟内，小马就能站起来跟随它们的母亲，哺乳期为7个月。

动力与能量

马是强壮的哺乳动物，它们庞大的肌肉团赋予它们奔跑以及支撑自己的力量。通过后胃发酵，从食物中获取激发肌肉活动的能量。尽管它们的食物是干草或是营养很低的东西，但是它们能对进入消化道的大量食物进行消化吸收，以获取尽可能多的能量。

运动

不同的运动方式是前后腿以奔跑速度共同作用的结果。

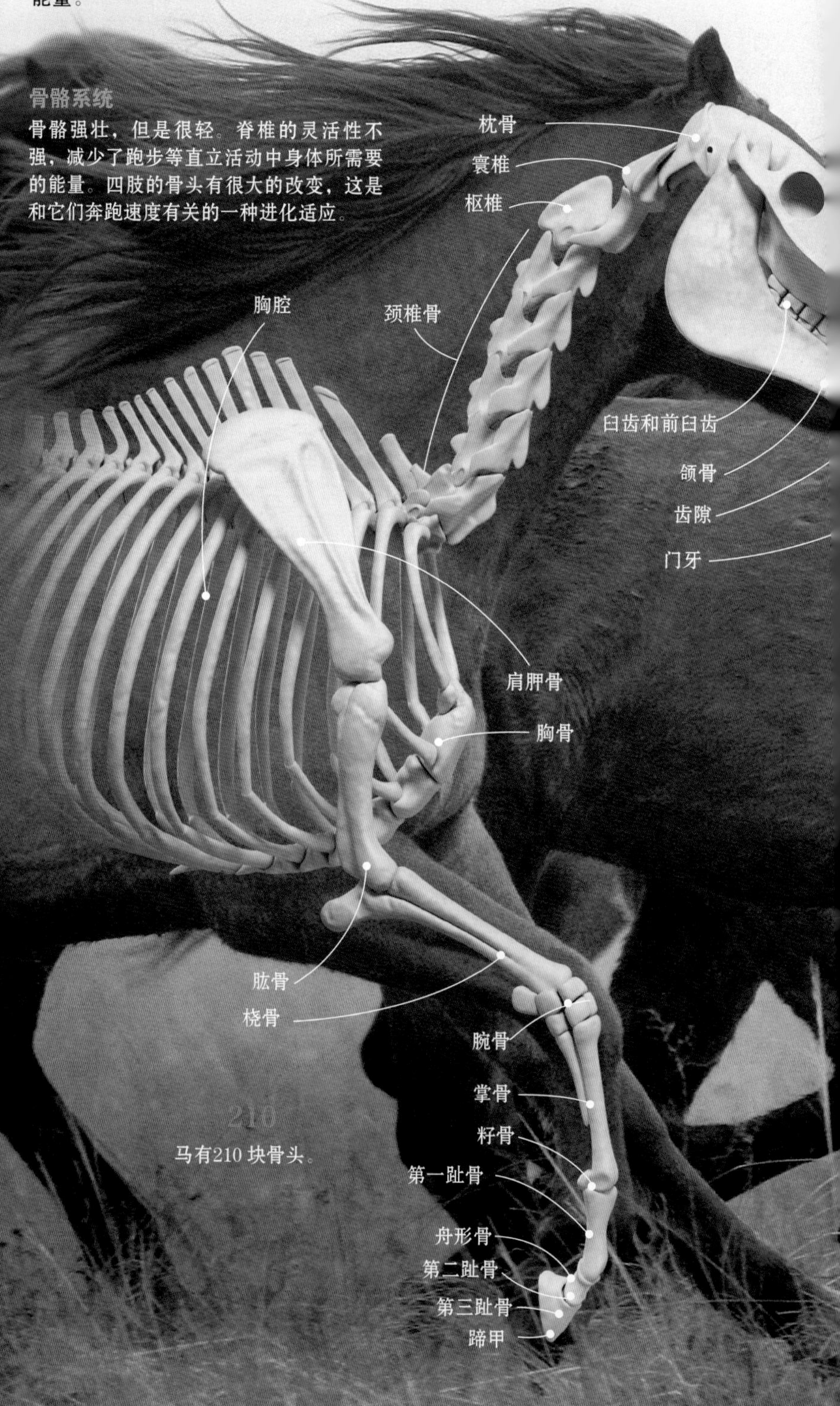

骨骼系统

骨骼强壮，但是很轻。脊椎的灵活性不强，减少了跑步等直立活动中身体所需要的能量。四肢的骨头有很大的改变，这是和它们奔跑速度有关的一种进化适应。

马有210 块骨头。

肌肉系统

由成对或成群的有相对功能的肌肉组成，把骨头牵引至相反的方向。每一块肌肉的一端连接着骨头，另一端连接着相应的腱。大部分腱都很短，环绕着关节，使关节更加稳健。

14

马上颌长的牙齿数。

膝关节

在奔跑中，这一关节承受着很大的压力。它们的力量来自肌腱和韧带。韧带连接着膝盖骨和腿部长骨。

58

58千米/时，这是一匹奔跑中的马可以达到的速度。

Equus africanus

非洲野驴

体长：1.9~2.1 米
尾长：42 厘米
体重：270~280 千克
社会单位：群居
保护状况：极危
分布范围：非洲东部

非洲野驴在沙漠地区和干旱地区生活。是很多年前就被驯养的物种，其分布范围是世界性的。然而，非洲野驴面临着严峻的灭绝危险，这是由于过度狩猎、和家驴杂交、和其他动物竞争食物造成的。它们的毛短，除了腹部和四肢下端的毛是白色的，其他地方都是灰色的。脚部有黑色的横向条纹，这和斑马很像。妊娠期为 11~12 个月，每胎可产 1 头小驴。

Equus hemionus

蒙古野驴

体长：2~2.45 米
尾长：40 厘米
体重：200~260 千克
社会单位：群居
保护状况：濒危
分布范围：亚洲西部与中部

蒙古野驴也被称作野驴或亚洲野驴。生活在荒原、沙漠和半沙漠地区。皮毛上突出的特征是整个脊背上有一条棕色条纹，条纹一直延伸至鬃毛。腹部和四肢下端为白色。蒙古野驴被认为是马科动物中跑得最快的。结成小群体生活。在危险面前，小群体会联合起来，使捕猎者不得靠近。

Equus kiang

西藏野驴

体长：2~2.2 米
尾长：50 厘米
体重：250~400 千克
社会单位：群居
保护状况：无危
分布范围：中国、印度、巴基斯坦和尼泊尔

西藏野驴生活在高海拔地区，在海拔 6000 米的高度仍有分布。它们的毛近似棕色，夏季薄，冬季则是又厚又长。结成驴群，由一头年龄大的雌性领导。群体成员同时集体活动。它们是游泳“健将”，夏季在河流附近经常能看到它们的身影。

Equus ferus

普氏野马

体长：2~2.2 米
尾长：90 厘米
体重：330~370 千克
社会单位：群居
保护状况：野外绝灭，再引进
分布范围：蒙古

普氏野马是野马中唯一的一个亚种。由于受人类活动的影响，正濒临灭绝。它们的名字来自一位叫尼古拉·普热瓦尔斯基的俄罗斯陆军上校。19 世纪末在去中亚的一次旅程中，他首次发现了这种野马。它们有 66 个染色体，比家养马多 2 个。身体结实，头大，四肢短，四肢下端有条纹。以草、叶子、根及果实为食。可以长期不进食，耐冷耐热。

貘

门：脊索动物门

纲：哺乳纲

目：奇蹄目

科：1

种：4

貘，草食动物，依然保留着一些早期有蹄动物的特征，比如前腿的4个指头的末端是蹄，中间的指头是全身的支撑点，比其他指头更发达。食物是它们所生活的雨林和森林中生长的嫩枝。它们像大象鼻子一样灵活的长吻可以够到叶子和树枝。

Tapirus terrestris

低地貘

体长：1.8~2.5米
尾长：15厘米
体重：190~310千克
社会单位：独居
保护状况：易危
分布范围：南美洲除了智利和乌拉圭以外的地区

鬃毛
又细又短，从头部延伸至背部。

低地貘是南美洲体形最大的陆生哺乳动物。生活在雨林及靠近河流的沼泽地里。经常全身涂满泥巴，以避免晒伤和昆虫叮咬。以叶子、树枝、果实、嫩芽和水生植物为食。它们的捕猎者主要是鳄鱼、美洲狮和美洲豹。妊娠期是14个月，雌性一年可产1只幼崽。

Tapirus pinchaque

山貘

体长：1.7~1.9米
尾长：10厘米
体重：150~250千克
社会单位：独居
保护状况：濒危
分布范围：哥伦比亚、厄瓜多尔和秘鲁的安第斯山脉地区

山貘和其他种貘的区别在于深棕色的长毛，毛有御寒作用。它们的嘴唇是白色的，耳朵边缘也是白色的。它们是攀缘“能手”，栖息在海拔2000~4000米的山地森林中。通常遇到危险会逃跑，但是在危险面前，也会用牙齿进行防卫。

Tapirus indicus

马来貘

体长：1.8~2.4米
尾长：5~10厘米
体重：250~320千克
社会单位：独居
保护状况：濒危
分布范围：缅甸、马来西亚、泰国和苏门答腊岛

马来貘皮厚毛少，毛色是不一样的：头、颈、肩和四肢是黑色的，身体其他部位是白色的。虽然毛色会暴露它们在雨林中的位置，但它们有在夜间活动的习惯，因为黑暗能保护它们。它们用尿液标记领地，通过一种有力且尖锐的声音进行交流。

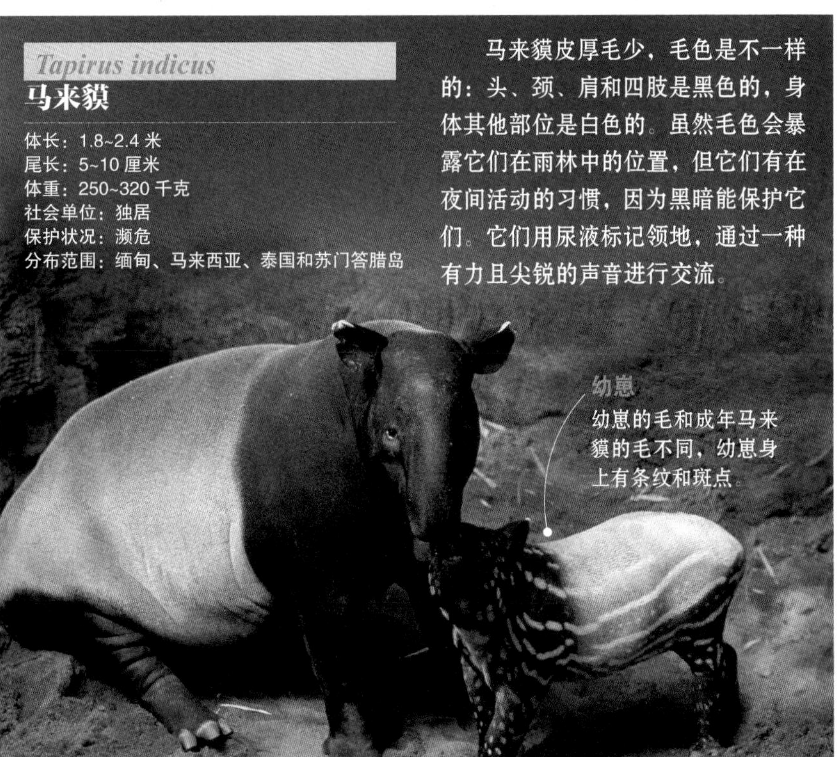

幼崽
幼崽的毛和成年马来貘的毛不同，幼崽身上有条纹和斑点。

犀牛

门：脊索动物门
纲：哺乳纲
目：奇蹄目
科：犀牛科
种：5

犀牛的平均体重在1吨以上，吻部有一或两只角。头大，头上长着竖立的耳朵。脖子短，尾巴末端有一缕毛。腿短，每条腿上有3个脚趾。栖息在非洲、印度和亚洲南部的热带、亚热带地区的草原、灌木地区和森林中。现存的5种犀牛都处在受威胁状态。

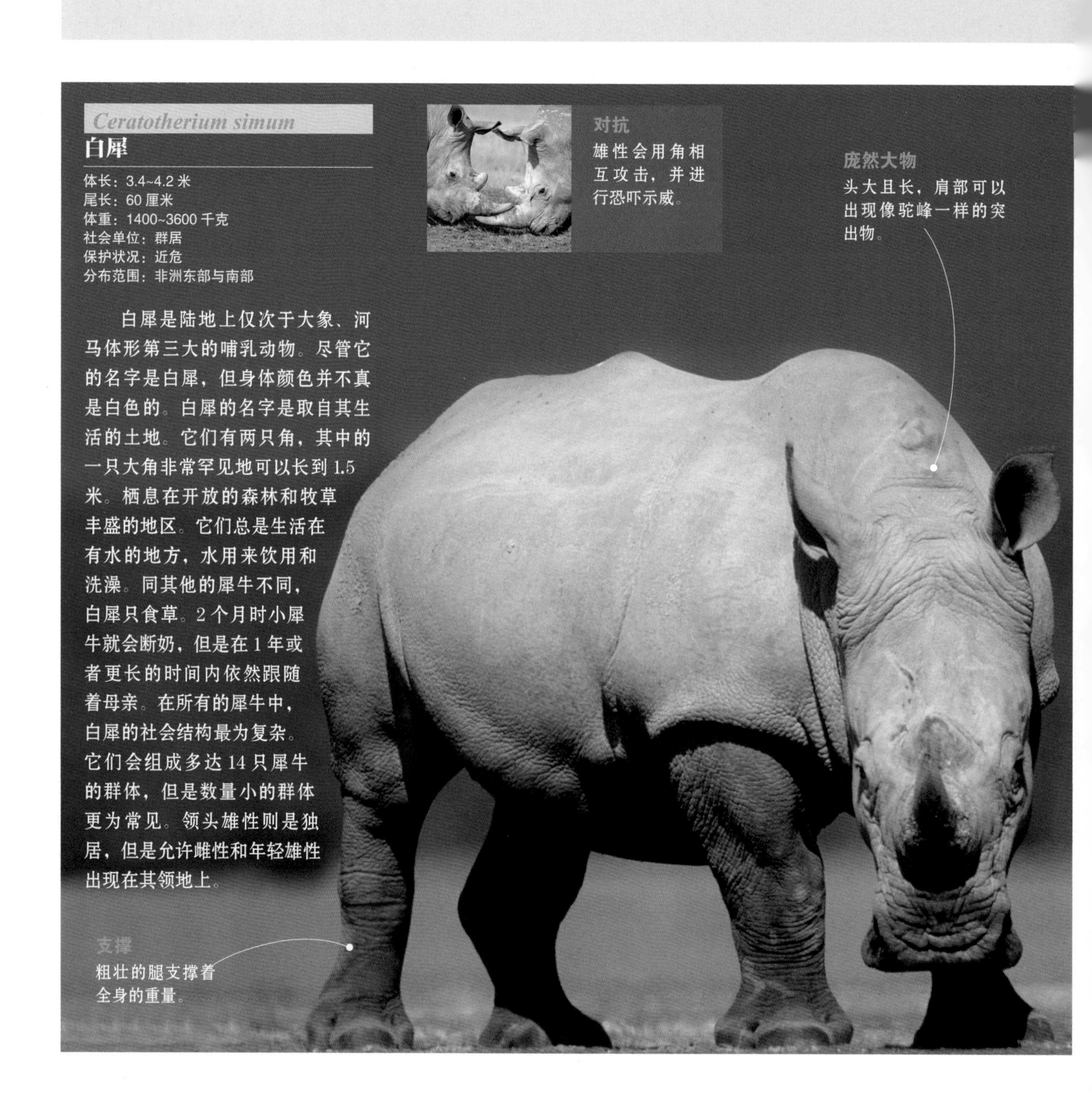

对抗
雄性会用角相互攻击，并进行恐吓示威。
庞然大物
头大且长，肩部可以出现像驼峰一样的突出物。
支撑
粗壮的腿支撑着全身的重量。

Ceratotherium simum

白犀

体长：3.4~4.2米
尾长：60厘米
体重：1400~3600千克
社会单位：群居
保护状况：近危
分布范围：非洲东部与南部

白犀是陆地上仅次于大象、河马体形第三大的哺乳动物。尽管它的名字是白犀，但身体颜色并不真是白色的。白犀的名字是取自其生活的土地。它们有两只角，其中的一只大角非常罕见地可以长到1.5米。栖息在开放的森林和牧草丰盛的地区。它们总是生活在有水的地方，水用来饮用和洗澡。同其他的犀牛不同，白犀只食草。2个月时小犀牛就会断奶，但是在1年或者更长的时间内依然跟随着母亲。在所有的犀牛中，白犀的社会结构最为复杂。它们会组成多达14只犀牛的群体，但是数量小的群体更为常见。领头雄性则是独居，但是允许雌性和年轻雄性出现在其领地上。

Dicerorhinus sumatrensis
苏门答腊犀牛

体长：2.3~3.2 米
尾长：50 厘米
体重：550~1500 千克
社会单位：独居
保护状况：极危
分布范围：亚洲东南部

苏门答腊犀牛是体形最小、毛最多的犀牛。它们的皮肤上有少量的褶皱，褶皱是亚洲犀牛中最不明显的。有两只不甚明显的角。栖息在森林、山地和沼泽地中，总是生活在靠近水源的地方。以叶子、小树枝为食，但是为了吃树苗的嫩根，也会把树苗推倒。总是在清晨或黄昏时进食。白天在泥潭或水中休息。雨季时迁向海拔更高的地区，在较寒冷的季节迁回山谷。小犀牛在湿季出生，重 23 千克，直到 16 个月大时才和母亲分开。

Rhinoceros sondaicus
爪哇犀牛

体长：1.9~3.2 米
尾长：70 厘米
体重：1500~2500 千克
社会单位：独居
保护状况：极危
分布范围：亚洲东南部

爪哇犀牛被认为是世界上最稀有的大型哺乳动物。它们的皮肤有厚厚的褶皱，被多边的小鼓包覆盖。只有 1 只小角，可以长至 25 厘米。栖息在茂密的热带雨林，在那里可以找到用来打滚的泥巴。以幼芽、小树枝、嫩叶和落下来的果实为食。用长长的可以抓握的上唇抓取食物。爪哇犀牛的哺乳期为 18 个月。

Diceros bicornis
非洲双角犀

体长：2.9~3.7 米
尾长：65 厘米
体重：700~1400 千克
社会单位：独居
保护状况：极危
分布范围：非洲东部与南部

正如非洲双角犀的名字，它们有两只角。前角比后角大很多，特殊情况下，前角长度可超过 1 米。它们栖息在森林与草原的过渡地带，总是生活在有水和烂泥的地方，它们可以在里面洗澡、打滚，用此方法避热及防止蚊虫叮咬。以嫩枝为食，主要是合欢树树枝。用长长的可以抓握的上唇获取食物。非洲双角犀排出的粪便多得像个小山堆，这是一种通知其他同类它们存在的方法。雄性也会用粪便标记领地。妊娠期约为 15 个月。2 岁时小犀牛断奶，半年后开始独立生活。

共生
多种鸟类如牛椋鸟，以犀牛皮肤上的寄生虫为食。

Rhinoceros unicornis

印度犀牛

体长：3~3.8 米
尾长：70 厘米
体重：1500~2700 千克
社会单位：独居
保护状况：易危
分布范围：印度和尼泊尔

不管是雄性还是雌性，都仅有1只角。

印度犀牛突出特征是皮肤上的皱褶和鼻子上的角。皮肤上也有小鼓包。它们的嘴唇能够抓握，这是为了拔下植被的一种功能适应。雌性体形比雄性小，体重也比雄性轻。

栖息地

栖息在沼泽地和多雨的平原，在那里可以隐藏在6米高的草丛中。天热时在烂泥里洗澡、打滚，这是为了调节体温、赶跑苍蝇、除去寄生虫等。

生物特征和行为

以乔木和灌木的嫩叶、果实为食。能发出 10 种声音，比如哼声、哇哇声、咩咩声及吼叫声。嗅觉在个体交流中很重要。妊娠期为 16 个月，小犀牛 1 岁时断奶。

印度犀牛每3 年产下1 只小犀牛，在分娩前1 周，会把上一胎出生的小犀牛赶走。

独特的外形

犀牛最引人注目的特征是它们的角。印度犀牛只有 1 只角。角是防御和攻击时的武器，也可用来翻动作为它们食物的植被。体形大是它们的特征，所有种类的犀牛体重都超过 1 吨。皮很厚，有时划分成铠甲状的片，让它们看起来很笨重，然而，它们却可以快速地奔跑。

涂满泥巴的皮肤

印度犀牛用60％的时间在水和烂泥里打滚。这种方法可以避免体温过高，也可以除去体表上的寄生虫。

这是印度犀牛的角可以达到的长度。

盔甲
印度犀牛皮肤上有大的褶皱和鼓包，看起来就像盔甲一样，这比其他种类的犀牛要明显得多。

角
犀牛角没有骨质成分，而是由表皮角质层的毛状角质纤维所组成的。不是从额骨上长出来的，只是支撑在头上。

犀牛的多样性

存在5种犀牛。非洲犀牛都有两只角，非常相似，但是能区分出白犀和黑犀，因为白犀的体形比黑犀大，嘴唇形状也不一样。亚洲犀牛中唯一有两只角的是苏门答腊犀牛。印度犀牛体形大，爪哇犀牛体形要小得多。印度犀牛和爪哇犀牛皮肤上都有大的褶皱。

在亚洲东部市场上，每千克犀牛角报价为5万美元。

黑犀
有两只角，前角更长。嘴唇末端是尖的。

白犀
有两只角，嘴唇直且宽。它们的头是这一科中最大的。

苏门答腊犀牛
这是亚洲犀牛中唯一有两只角的。这种犀牛的身上有毛。

性别二态性
雄性脖子上的褶皱更大。此外，门牙和犬牙更长、更尖，在繁殖期时用此来攻击其他雄性。

偶蹄目

偶蹄目是哺乳动物的一个大型分支，现已成为哺乳类中最繁盛的家族之一，因每足的蹄甲数为偶数（二或四），故称偶蹄目。猪、河马、骆驼、鹿、牛和羚羊等都属于这一类。

猪及其近亲

门：脊索动物门
纲：哺乳纲
目：偶蹄目
科：猪科
种：18

猪科动物有桶形的身体、短脖子、尖脑袋，脑袋上有可以活动的嘴。獠牙露在嘴巴外面，向上弯曲。每一只蹄子上都有 4 趾。生活在森林和雨林中。自己挖洞或者用其他动物的洞穴。所有的猪科动物都是杂食动物。尽管人们普遍认为它们贪吃，但是它们从来不暴饮暴食。

Phacochoerus aethiopicus

荒漠疣猪

体长：1~1.5 米
尾长：40 厘米
体重：45~100 千克
社会单位：群居
保护状况：无危
分布范围：非洲东部

栖居地

生活范围的半径最多不超过4000米，总是在水体周围活动。有时候一天可以走7000 米以上。

荒漠疣猪脑袋结实，有点扁平，没有上门牙。雄性脸上钩子形状的疣比雌性脸上的少。耳朵朝后倾斜，上獠牙非常发达。栖居在干旱地区、开阔的森林和半荒漠的草原上。偏爱多沙的平原，不喜欢山地地区。在雨季末期进行繁殖。雌性疣猪一次可产 2~4 只幼崽，3 个月后幼崽断奶。

獠牙
尽管雌雄两性的獠牙没有显著的差别，但雄性的獠牙相对较大。

Babyrousa babyrussa

鹿豚

体长：0.85~1.1 米
尾长：30 厘米
体重：60~100 千克
社会单位：独居和群居
保护状况：易危
分布范围：印度尼西亚（敏莪里岛、塔利亚布岛、布鲁岛）

雄性鹿豚的上獠牙穿过整个脸部，让人误认为是角。它们的皮肤上有明显的褶皱，身上无毛。生活在热带雨林的河流和泥塘里。尽管雄性通常是独居，但以少于 8 个个体的群体进行活动。雌性鹿豚一年可分娩 2 次，每胎可产 1 或 2 只幼崽，10 天后幼崽可以进食。

Phacochoerus africanus
非洲疣猪

体长：1.05~1.5 米
尾长：45 厘米
体重：50~150 千克
社会单位：群居
保护状况：无危
分布范围：撒哈拉以南的非洲地区

非洲疣猪也被称为多疣野猪，这源于它们脸上长着疣。它们特别适应放牧生活，这一功能适应体现在其后腿上有胼胝的保护，使其能够跪下来，够到最靠近地面的植被。可以拔起植被的根、块根和块茎。它们的特征是四肢相对较长，头大，鬃毛又长又黑，奔跑时尾巴会竖起来。会挖洞，但是也会毫不迟疑地使用其他动物抛弃的洞穴。群居，一个群体中有 5~15 头雌雄个体。

疣
有3 对疣：眼睛前和眼睛后各有1 对，另1 对长在颌骨处，上面有白色的鬃毛。

敏感的动物
非洲疣猪身上没有太多毛，对温度的变化很敏感。因此，在寒冷的夜晚会躲在洞穴里。

Potamochoerus larvatus
假面野猪

体长：可达 1.7 米
尾长：40 厘米
体重：45~150 千克
社会单位：群居
保护状况：无危
分布范围：非洲东部、中部和南部。引入马达加斯加

假面野猪是一种在夜间活动的猪，这一行为使它们避开了白天的高温。它们居住在潮湿的森林和沼泽中，那里有让它们打滚的泥。在雨季到来之前产下幼崽，幼崽的毛上面有棕色和黄色的条纹。2 个月后断奶，18 个月后性成熟。

Potamochoerus porcus
非洲猪

体长：1~1.5 米
尾长：40 厘米
体重：50~130 千克
社会单位：群居
保护状况：无危
分布范围：非洲西部至中部

非洲猪是所有猪中毛色最红的。脸上的毛很多，长耳朵上面有一簇毛，脊背上有一道白色的条纹。晚上非常活跃，白天躲在洞穴里。以树根、果实、蜗牛、卵、昆虫、爬行动物和腐肉为食。组成家庭群体共同生活，群体一般有多达6个个体，但也会组成超过 50 头的猪群。有领地意识，用腺分泌物标记和用犬牙在树干上留下印记的方法来标记领地范围。

多样的毛色
毛色偏红，不同的个体，毛色也可以是棕色和黑色的。

Sus barbatus

须野猪

体长：0.9~1.6 米
尾长：30 厘米
体重：40~150 千克
社会单位：群居
保护状况：易危
分布范围：亚洲南部（菲律宾群岛、苏门答腊岛和婆罗洲）

须野猪因覆盖在嘴和下巴上有特点的毛而得名。主要栖息在热带雨林中，在靠近大海的地区或多雨的丛林中也能发现它们的身影。以多种植物、菌类、昆虫、卵和腐肉为食。群体进行数千米的迁徙，迁徙群体中有上百头猪。这种迁徙和寻找食物有关。每胎产的幼崽数量不等，在 3~12 只之间。

易危

捕猎、婆罗洲森林的砍伐和家猪的竞争，以及由于种植和火灾而造成的栖息地的减少，都对它们构成了威胁。

Sus cebifrons

卷毛野猪

体长：0.9~1.25 米
尾长：20 厘米
体重：20~80 千克
社会单位：群居
保护状况：极危
分布范围：亚洲东南端，米沙鄢群岛（菲律宾）

卷毛野猪是地球上受到灭绝威胁最严重的物种之一。它们的特征是黑色的覆盖整个脊椎的长毛和脸上的 3 对角质疖子（疣）。这些疣在争夺领地时能保护它们。以群体方式生活，一个群体多达 6 头猪。每胎最多可产 4 只幼崽。

Sus scrofa

野猪

体长：0.85~1.6 米
尾长：20 厘米
体重：40~200 千克
社会单位：群居
保护状况：无危
分布范围：欧洲、亚洲和非洲北部

野猪是猪的祖先，在 1 万多年前被驯化。它们的毛发粗且硬，毛发颜色为褐色到淡灰色。嗅觉和听觉异常灵敏。经常在泥塘打滚，尤其是夏季。尽管成年雄性是独居的，但在繁殖期会组成至少 20 头的猪群。能发出大约 10 种不同的声音。每胎可产 4~8 只幼崽，通常每只幼崽固定在同一个乳头吃奶。7 个月时可以独立生活，18 个月后性成熟。

毛发

通常是灰色的，四肢和吻部的一部分颜色更深。

条纹

幼崽身上有横向的条纹，使它们能够和植被融为一体。

西猫

门：脊索动物门

纲：哺乳纲

目：偶蹄目

科：西猫科

种：4

西猫和猪很像，但是它们的獠牙短而直，尾巴短，前腿有4趾（只用其中的2趾支撑），后腿有2或3趾。背部有一个腺体，眼睛下面也各有一个，能分泌出有麝香味的物质。杂食动物，除了领西猫外，其他种类主要在白天活动。由雌雄两性组成群体生活。

Pecari tajacu

领西猫

体长：0.82~1米
尾长：3~6厘米
体重：18~30千克
社会单位：群居
保护状况：无危
分布范围：美国南部至阿根廷中部

领西猫是西猫中体形最小的。它们的特征是脖子上有一圈明显的白毛。栖息在沙生灌木林、森林和热带雨林中。为了避开正午的高温，会躲在岩石或植被的阴影里。当天气寒冷时，就蜷缩在地上的洼地里。它们喜欢在尘土里或泥巴里打滚。敏捷、灵活，会成群地防御捕猎者。

一个群体中通常有6~12个个体，其中大部分是雌性。以仙人掌的果实、浆果、块茎、球茎和根茎为食。有时也吃无脊椎动物和小型脊椎动物。会选择安全的地方进行生产，比如灌木丛里、树洞或者其他动物废弃的洞穴。一次可产1~4只幼崽（通常是2只），幼崽和母亲一起生活到3个月大。

辨识
领西猫在树上或其他物体上摩擦背部的腺体来标记领地、辨识自己、协调与群体的活动。

Tayassu pecari

白唇西猫

体长：0.94~1.3米
尾长：1~6.5厘米
体重：25~40千克
社会单位：群居
保护状况：近危
分布范围：墨西哥东南部到阿根廷北部

白唇西猫是最具有群居性的西猫属，一个群体中超过200个个体。它们的学名源自它们白色的下巴这一特征。栖息在热带雨林、干旱的森林和大草原上。通过气味和声音进行交流。

Catagonus wagneri

草原猯猪

体长：0.9~1.15米
尾长：5~10厘米
体重：32~40千克
社会单位：群居
保护状况：濒危
分布范围：阿根廷、巴拉圭和玻利维亚

直到1975年才在巴拉圭发现活的草原猯猪，在那之前对这一物种的了解都来源于化石。它们的主要食物是仙人掌等多肉植物的花朵和肉质的部分，它们的名字也是源自这一行为。栖息在半干旱森林中。

河马

门：脊索动物门

纲：哺乳纲

目：偶蹄目

科：河马科

种：2

通过桶状的身体和相对较短的四肢能认出河马来。它们有宽鼻子，上面长有敏感的鬃毛。可以把颌骨张开到 150 度。全身几乎没有毛。皮肤能分泌黏性的液体。可营水栖、地栖生活，可以漂浮、游泳和潜游。河马还被认为是鲸鱼的近亲。

Choeropsis liberiensis

倭河马

体长：1.5~1.75 米
尾长：20 厘米
体重：170~275 千克
社会单位：独居
保护状况：濒危
分布范围：非洲西部

普通河马要比倭河马重 10 倍，但是二者外形上相似。同倭河马的亲戚相比，它们在水中生活的时间也短，当遇到危险时，总是在水中寻找避难所。它们的皮肤分泌红色物质，人们常认为是“血汗”。栖息在靠近河流和溪流的地方，一般生活在有沼泽的森林里，以水生植物、草、嫩枝和落下的果实为食。据估计有领地意识，但是没有明显的等级分化。每胎只产一个重 5.7 千克的幼崽。幼崽在陆地上出生，很快就学会游泳。6 个月后，幼崽断奶，在3~5年之间性成熟。由于乱砍滥伐、捕猎和人类群体的扩张，这一物种受到严重的威胁。

因为数量稀少，在野外很难发现倭河马。

便于在浓密的植被中前进

细腿
便于在地面上行走

小
趾间的膜较小

Hippopotamus amphibius

河马

体长：2.8~4.2 米
尾长：50 厘米
体重：1000~3600 千克
社会单位：群居
保护状况：易危
分布范围：非洲

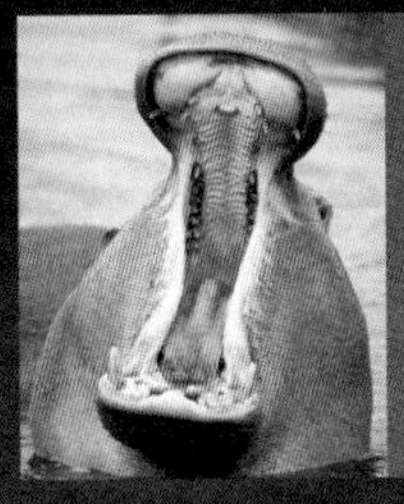

大颌骨
可以张开150 度，有2 对大门牙和2 颗带沟齿的犬牙。

休息
白天的大部分时间都和群体中其他成员一起在烂泥或水中休息。

尽管河马体形庞大，但是不管在水里还是在陆地上，行动都很敏捷。毛色为棕色，还有多处紫色毛发。白天在靠近水的地方睡觉和休息。如果受到打扰，便会潜入水中。它们的眼睛、耳朵和鼻子在脸的同一平面上，便于潜泳时露出水面。晚上比白天活跃，以草为食。在水底能发出很多种不同的声音。借助于大颌骨感受到的震动，使它能“听”得一清二楚。特殊情况下，会组成一个多达 150 只的河马群，但是一般情况下，一个河马群中不超过 15 个个体。用排泄物标记领地。当 2 只雄性对抗时，会进行力量展示仪式及大声吼叫。通常二者没有接触，但是一旦争斗开始，就会持续几个小时。经常会用下犬牙给对方造成严重的伤害。每胎可产 1 只幼崽，双胞胎的情况非常少。在陆地或靠近水的地方进行生产。刚出生的小河马体重为 25~55 千克，第一年可以长到 250 千克。在学走路前，小河马先学游泳，并受到母亲无微不至的照顾。

外表
尽管有猪的外表，但是河马现存的近亲却是鲸。和鲸有相同的水栖能力，这一能力来自同一祖先。

皮肤
皮肤分泌一种色素，使河马免受感染、太阳晒伤和干燥。

在水面之下

夏季强烈的大雨使卢旺瓜河河水泛滥，但在雨季之后一直持续的旱季会使水位急剧下降。如同在这一地区共同生活的其他动物一样，河马已经适应了河水的上涨与下降。这一地区是非洲仅存的几个野生动物保护区之一。

至关重要的会面

雨季的到来，使卢旺瓜河河水积存，池塘成为众多雄性、雌性和幼崽群体聚集的地方。所有的河马都跳入水中，混入其他群体中，建立永久的或暂时的社会关系。在这聚集的短暂时刻，可能会产生争斗，在争斗中由实力来决定哪只河马与雌性交配，并占领池塘的大部分领地。一旦划定了领地，植被茂盛的河岸会为这些重约3 吨的大家伙提供食物。暴雨时节，富含油脂的皮肤和不断增加的湿气相互作用，这些偶蹄目动物身上会出现皮肤感染。很多鸟类，尤其是牛椋鸟和牛背鹭，与河马建立了物种间的互惠共生关系，因为这些鸟类以河马皮肤上的寄生虫为食。当然，那些牛椋鸟也会喝它们的血。

在赞比亚卢旺瓜河周围，生活着地球上最大的河马群体。它们在一个变化着的环境中共同生活，相互联系：每年的一个时期大山谷的动物和植物都被水所统治，大草原的5万平方千米都被淹没。在雨季(12月到次年3月)到来之前，河水水深不到半米。河水很平静，很容易穿过河床。天空中的隆隆雷声宣告了猛烈暴雨的到来，这时景色完全改变了。河马和其他动物需要等到河水水位降下来，天空的响雷沉寂下来，整个地区将再现勃勃生机。

河流灌溉着800千米长的赞比亚热带草原。河马，这一庞大的半陆栖动物，它们的大部分时间在水里度过。它们在水里交配，产下小河马。当非洲大陆南部的炎热令人窒息时，它们也在水中避暑。这些重约3.5吨的庞然大物的眼睛、耳朵和鼻子都位于头部上方，这一特征使它们几乎能把整个身子浸入水中，而不影响看、听和呼吸。

日落之后，卢旺达的河马踩在结实的土地上出去寻找食物。它们钻进灌木丛中，这些灌木丛在旱季变得越来越稀疏。在这一时期，4月到9月，从主河流分出来的作为分支的泥塘和溪流日渐干涸。缺水迫使动物迁徙到远方，从而上演不同动物群之间尤其是大型草食动物之间激烈竞争的事件。一些年轻的河马很有可能死于这一时期的紧张状态下。雌性走近它们，舔着它们的身体，就像是告别的仪式，直到河水裹挟着尸体漂流而去。艰难的处境日益加剧，直到每年一次的大雨和洪水再次让植被暴发出生机。

暴雨时节，平静的河流变得湍急，河水也被染成棕色。在4个月的时间内，不能穿过河床，河马只能待在岸上。一旦大雨停止，河谷立马改变了容貌。牧草生长，植被茂盛，树叶繁多。河马不是唯一受益者。陆上和水中的居民，它们也是多变王国的一部分：河马、大象、犀牛、水牛和狮子一起被称作“非洲五大兽”。这个生物群落中还有很多种鱼类和鸟类。

河水再次上涨
卢旺瓜河河水上涨，使数百只河马集聚在其中一个河岸的山谷中。这个河谷是整片大陆上受人类活动影响最小的地方。

和降雨一样，生活在河中的大型动物也对卢旺瓜河谷地生命的循环有很大贡献。它们沉重的身躯穿过河床有助于划定河流界限，甚至它们的粪便也是水中微生物和鱼类的营养物质。

尽管在一年中的某些时间，食物的获取日渐困难，但是在卢旺瓜河生命圈产生了一个独特的平衡——每年从干旱到重新繁荣。相反，人类所带来的危险却更难以面对。因为被水隔开，这片河谷是非洲受人类活动影响最小的一片河岸地区。然而，猎人经常打破这个地区的平静。有时是为了寻找非法贸易的材料；在物资缺乏时，也为了获取食物（赞比亚自然资源的丰富和当地居民物质的贫困形成强烈的对比）。为了生产煤炭而砍伐树木是对这个地区生物多样性的另一种威胁。尽管遭受了乱砍滥伐，但这片地区依然有着“真正非洲的最后一个角落”的称号。

全球河马数量的减少开始于2个世纪前，最近10年的数量显著下降。在刚果维龙加国家公园，河马的状况更令人担忧。相反，在赞比亚，保护措施取得了很大成效。北部的一半河流形成了北卢旺瓜河国家公园，南部的是南卢旺瓜河国家公园。在那里，生态保护组织介入河马和人类之间：设法保护农作物免受这些庞大的哺乳动物的踩踏，教育当地居民，鼓励可持续旅游。这些共同努力使卢旺瓜河依然潺潺流动，在这个有着剧烈变化的环境中养育着世界上数量最多的河马。

骆驼科

- 门：脊索动物门
- 纲：哺乳纲
- 目：偶蹄目
- 科：骆驼科
- 种：6

骆驼科动物是沙漠地区和干旱平原上最具代表性的“居民”。它们脚上有肉垫，方便在沙地上行走。此外，它们是唯一有卵形红细胞的哺乳动物，红细胞容易在血液中流动，脱水的时候，血液变浓。脖子又细又长，头小，吻部成流线型。上唇是豁开的。

Lama guanicoe

原驼

体长：1.6~2 米
尾长：30 厘米
体重：110~140 千克
社会单位：群居，有时雄性独居
保护状况：无危
分布范围：秘鲁至阿根廷南部

原驼是南美洲干旱地区最大的野生哺乳动物。它们的皮毛有两层，又长又密，背部为栗色，腹部为白色。与小羊驼的区别在于体形和它们灰色的脸。生活在荒凉的草原以及高达4000米或者更高的山地地区。草食动物，喝水很少，因此，在远离水源的地方也能见到它们的身影。社会结构复杂，有独居的雄性，有群居的年轻雄性，也有由20只雌性陪伴的雄性。每胎可产1只幼崽，3个月后断奶。雌性在18个月时性成熟，雄性3岁时会在领地竞争，形成自己的配偶群。

骆驼的头
有尖耳朵以及分开的活动幅度大的嘴唇。
母亲哺乳3个月，有时时间更长，可照顾它们到1岁。
粗毛
尤其是肋部、胸部和腿部的毛。

少数

在繁殖期，社会结构是群体或者是独居的个体，分为一只雄性（“嘶鸣者”）与几只雌性组成的群体、年轻雄性（“独居者”）的群体和寻找雌性的独居雄性。

Vicugna pacos

羊驼

体长：1.3~1.8 米
尾长：20 厘米
体重：55~65 千克
社会单位：群居
保护状况：无危
分布范围：秘鲁南部和玻利维亚西部

羊驼的起源可追溯到 5000 年前印加时期，由小羊驼和大羊驼杂交产生。它们身上毛多，比它们近亲的毛更长、更细。其毛纤维可用来制作毯子和非常受欢迎的衣物。每胎可产 1 只幼崽，重约 6 千克，6 个月后断奶。只有家养的种类。

Vicugna vicugna

骆马

体长：1.3~1.85 米
尾长：25 厘米
体重：35~65 千克
社会单位：群居
保护状况：无危
分布范围：秘鲁南部至阿根廷西北部

骆马栖息在高海拔地区（3500~5750 米），可以在氧气稀薄、气温低下、十分贫瘠的地方生活。它们总体上和原驼长得像，但是体形更小，身体线条更流畅。它们突出的特征是胸前的白色长毛。它们的门牙一生都在生长，而其他有蹄动物身上却没有这种情况。可以组成多达 100 个个体的群体。每胎只产 1 只幼崽，6 个月后断奶，在满 1 岁前，小骆马被迫离开群体。

Camelus ferus

野骆驼

体长：2.2~3 米
尾长：50 厘米
体重：600~1000 千克
社会单位：群居
保护状况：极危
分布范围：中国和蒙古

野骆驼有两个驼峰，是用来储存脂肪（而不是经常提到的水）的身体结构，这使它们能在不吃不喝的情况下活好几天。野骆驼以各种植被为食，能忍受极端气温，不管是 0 摄氏度以下的低温还是超过 40 摄氏度的高温。冬季，它们多绒毛的毛皮会部分脱落，给人留下剪毛剪得不好的印象。长睫毛，窄鼻孔，能在沙尘暴中保护它们。雌性每胎可产 1 只幼崽，产 2 只的情况很少。出生 1 小时后，幼崽就能站起来走路。

快速进食
如果很长时间没喝水，可以一次喝下114 升水。
蹄子
和它们的亲戚一样，每只脚上只有2 个指头

Lama glama

大羊驼

体长：1.4~1.8 米
尾长：20 厘米
体重：90~130 千克
社会单位：群居
保护状况：无危
分布范围：秘鲁南部至阿根廷西北部

大羊驼被认为是 5000 年前印加人从驯化的原驼繁殖出来的一个物种。它们长得和亲戚很像，但是身上的毛更多，有多种颜色。它们被用来当作承重的动物，也用作肉食，毛也可以用。只有家养的大羊驼。

Camelus dromedarius

单峰驼

体长：2.2~3 米
尾长：50 厘米
体重：300~690 千克
社会单位：群居
保护状况：野外绝灭，圈养
分布范围：非洲北部和东部、亚洲西南部，引入澳大利亚

当吃有刺的植物时，嘴唇能保护单峰驼。

弯曲的脖子，小脑袋，短尾巴，驼峰是单峰驼最主要的特征。它的腿细长，脚底有软衬的肉垫，能支撑身体的重量。它们以多种植物为食，包括含盐的种类。有时也会吃路上遇到的干尸和骨头上的腐肉。

起源

最早的单峰驼出现在 300 万 ~500 万年前的阿拉伯半岛。从那里扩散到埃及，然后到达非洲北部的其他地区，东边直到大湖地区，西边到塞内加尔。

和人类的关系

单峰驼被用来当作肉食，可产奶、产毛，粪便能做燃料，也可以当作交通工具。它的重要性在于，在一些部族中，社会等级的划分和每个成员拥有的骆驼数量有关。

耐力
单峰驼一天不吃不喝，能在沙漠里走 100 千米以上，它们是从驼峰中的脂肪获取能量。

极端的生活

单峰驼生活在艰苦的气候条件下，尤其是缺水的地区。此外，它对大温差的忍耐力强，是典型的沙漠生物群系，为了实现这一目标，骆驼身上具有解剖学和功能上的适应，使它尽可能地完善体内的水平衡。如果遇上沙尘暴，也能忍受下来：蜷缩在地上，合上鼻孔。可以在沙滩上行走，因为它用结实的腿和蹄踩在这种不稳定的物质上，可以使它获得大面积的支撑。

耳朵
耳朵小且圆。这是区分它和其他骆驼的特征。

睫毛
它有两层睫毛，作用就像屏障一样，防止沙子进入眼睛。

鼻黏膜
它的鼻孔上有一层上皮层，能保留住超过60％的水气。

忍饥耐渴

单峰驼不吃不喝，能在最高温度为 50 摄氏度的环境中支撑 8 天。

40%
可以损失40％的体重而生命不会受到威胁。

特殊的四肢

同其他偶蹄目的哺乳动物不同，单峰驼的体重由小腿支撑，而不是靠两个脚趾上的蹄支撑。这个支撑面有脂肪肉垫作为衬底，可把身体的重量分散到整个支撑面上。

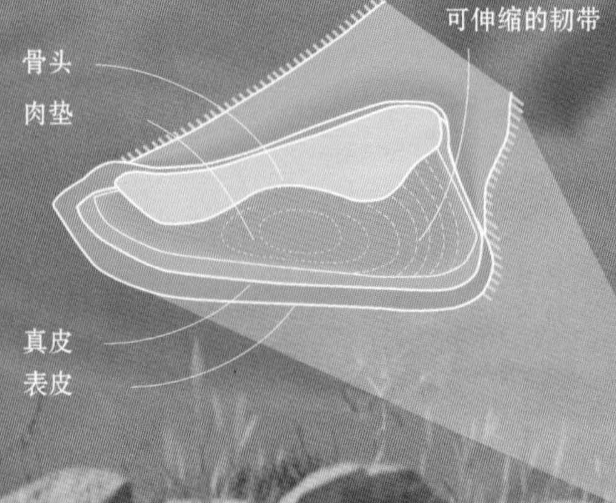

驼峰
驼峰里储存的脂肪减少了分泌物中水的分泌。每千克脂肪能分解出2升代谢水。
14千克
这是驼峰的平均重量。
耗尽
如果脂肪消耗完，驼峰就挂在脊背的一边。
水平衡
在尿液的形成过程中，每个肾单位会重新吸收过滤水。这个过程对单峰驼至关重要，可最大可能地减少代谢水的排泄。因此，尿液浓度高，尿液的含盐量甚至比海水的含盐量高2倍。
亨利袢
肾脏的这一部分能重新吸收水。越长，恢复的水分越多。
红细胞
红细胞呈椭圆形，这是哺乳动物独有的特征。尽管血液黏度比正常血液高，但是这一特征有利于血液循环。
普通红细胞
巨红细胞
240%
这是一个充满氧气和水的红细胞增大的幅度。
100升
这是一头单峰驼一次能喝下的水量。
膝盖
它的关节非常结实，承受着身体的重量，行走在硬度不高的地面上。膝盖前面的皮肤上有茧子，当它跪下时，有隔热的作用。
野骆驼
在长相上经常和单峰驼混淆，只是野骆驼有两个驼峰。然而，它们的解剖和生理特征是相似的。野骆驼群居，分布在亚洲中部，濒临灭绝。雄性会为了6~30只的雌性群而争斗。每一只雌性的妊娠期都非常长，达406天。每只幼崽的哺乳期是1年，有时长达2年。

鹿

门：脊索动物门

纲：哺乳纲

目：偶蹄目

科：鹿科

种：54

鹿的特征是雄性头上有分叉的角，角每年都会脱落，然后重新长出来。角是由骨质构成的，上面有一层被称作“茸毛”或“绒毛”的嫩皮，这层嫩皮很快会脱落。眼睛附近有一个腺体。反刍动物的胃有 4 个室，没有胆囊。栖息在丛林、沼泽、草原和北极苔原。

Cervus nippon

梅花鹿

体长：1.3~1.7 米
尾长：30 厘米
体重：27~110 千克
社会单位：群居
保护状况：无危
分布范围：南亚，引入其他国家

这种鹿的特征是毛色为浅红褐色，有成行的白色斑点；只有雄性才有角，角由主干和眉叉组成。栖息在开放的森林或草原。群居，有时候一个群体中有超过 100 个个体。以草为食，但有时候也会吃树叶、花朵和果实。每胎可产 1 只幼崽，1 岁大的时候，幼崽开始独立生活。

雄性
它的角的特征是有 3 个角尖，夏季角上有一层嫩皮。
香腺
分布在眼睛下方和后腿上。
斑点
雌雄身上都有斑点，成行纵向分布。

Muntiacus reevesi

小鹿

体长：0.7~1.1 米
尾长：10 厘米
体重：15~20 千克
社会单位：独居和群居
保护状况：无危
分布范围：中国

小鹿是一种体形较小的鹿。它们的突出特征是，当遇到危险时，会发出尖锐的类似于狗叫的声音。雄性的角长 7 厘米，犬牙长。栖息在温带森林和茂密的热带森林中。通常是独居，但有时候可以看到它们成对或结成家庭小群体生活。早晨的前几个小时和下午的后几个小时比较活跃。通过气味和声音信号进行交流。它们身上的香腺使它们能辨识出其他个体。每胎可产 1 只幼崽，2 个月后断奶。

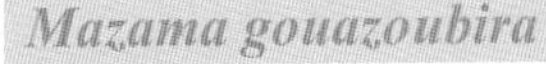

Rangifer tarandus

驯鹿

体长：1.4~2.2 米
尾长：20 厘米
体重：70~200 千克
社会单位：群居
保护状态：无危
分布范围：北美洲北部、格陵兰、欧洲北部至亚洲东部，引入其他国家

驯鹿在北美洲被称作北美驯鹿，在欧洲被称作驯鹿。它是一种在迁徙时会跨越很长距离的哺乳动物：每年迁徙路程大约 5000 千米。一个鹿群由数千只个体组成。角长，有手掌形的角冠。另一个显著的特征是颈部附近腹部的皮肤被白色的长毛覆盖。同大部分鹿不同，驯鹿雄雌都会长角。它们适应了在雪上用宽蹄子行走。此外，蹄子也有助于游泳。妊娠期为 30 周，每胎可产重 6 千克的幼崽。

Mazama gouazoubira

灰短角鹿

体长：0.82~1 米
尾长：8~15 厘米
体重：11~25 千克
社会单位：独居和群居
保护状况：无危
分布范围：阿根廷、乌拉圭、巴西、巴拉圭和玻利维亚

灰短角鹿生活在有树的草原和灌木丛中，在那里出现危险时能隐藏自己。以嫩树枝、树叶和果实为食。在早晨和黄昏时比较活跃。雄性和雌性都长有一只不分叉的小角，大约长 15 厘米。它们的皮毛短而硬。有很强的领地意识，用腺分泌物和啃树皮的方式标记领地。妊娠期为 7 个月，每胎可产 1 只 4~5 千克重的幼崽。幼崽的毛是棕色的，有白色斑点，长大后斑点消失。

Dama dama

黇鹿

体长：1.3~1.75 米
尾长：20 厘米
体重：40~100 千克
社会单位：独居和群居
保护状况：无危
分布范围：欧洲，引入其他国家

黇鹿同其他鹿的区别在于它掌状的尖尖的向后弯曲的角。它们的毛是栗色带有白色斑点、全白色或几乎全黑色的。黇鹿是半驯养动物，这是出于对它们的肉和皮毛的需求。被引入很多国家，生活在森林、牧场和人造林等栖息地。目前野生数量较少，多被关在公园或私人狩猎园里。独居或组成数量较少的家庭群。每胎可产 1 只幼崽，刚出生的幼崽重约 5 千克。

叉角羚

目：偶蹄目

科：叉角羚科

种：1

叉角羚是加拿大、美国和墨西哥干旱气候中具有代表性的“居民”，是这一科中唯一的一种。它是北美大陆上跑得最快的陆生哺乳动物，时速达到 65 千米。它们的典型毛色是白色和淡棕色。

Antilocapra americana

叉角羚

体长：1.3~1.5 米
尾长：10 厘米
体重：35~60 千克
社会单位：群居
保护状况：无危
分布范围：北美洲西部

生活在干旱的环境中，从吃下的植物和果实中获取水分。雄性的角分叉，由角质鞘和骨质心组成。角每年脱落，但同鹿不同的是，只是外层脱落，角质鞘下面的核心部分不脱落。有领地意识，为了接近雌性，雄性相互争斗。妊娠期为 8 个月，每胎可产 1 或 2 只 2~4 千克重的幼崽。

Cervus elaphus

马鹿

体长：1.6~2.5 米
尾长：12~15 厘米
体重：80~200 千克
社会单位：群居
保护状况：无危
分布范围：北美洲西部、欧洲、亚洲东部和中部，引入阿根廷、智利、澳大利亚和新西兰

由多达35 只的雌性组成群体，有一只领头鹿。

大型反刍动物，超过它们的只有驼鹿（*Alces alces*）。在掠食动物活跃期间不出来走动。它们是素食动物，吃的树叶比草多。

捕猎者

在肉食哺乳动物中有它们的天敌，是狼、美洲狮、熊和美洲豹等动物的猎物。捕猎者的存在对保持欧洲马鹿密度的稳定有着重要作用。

幼崽

成年马鹿的毛是棕色的，腹部和臀部有一块是白色的。幼小的脆弱的小马鹿，毛色淡红，有白色的斑点和条纹。这使它们能躲藏在森林植被中，在捕猎者面前可悄无声息地走过。

一年中大部分时间马鹿的毛是棕色的。赤鹿作为它们的别称，红色皮毛只在夏季才出现。

成长标志

鹿和羚羊长得很像，明显的区别在于鹿有非常发达且分叉的角。这一独有的特征是季节性的，最初就是生命周期的一部分。角的生长是年龄的标志：年轻的鹿的角只有角刺，不分叉；年老的鹿的角老化。

性别二态性

雄性体形更大，有角，胸部和肩部有浓密的深色长毛。

雄性　雌性

密质骨
占据角的表层。

松质骨
占据角的内部

骨层

在皮肤或茸毛的下面，角由松质骨和密质骨组成。这些组织使角坚硬牢固

120 厘米

欧洲马鹿的角可达到的长度。

争斗

除了发情期，几乎一整年雄性和雌性都是分开生活。在发情期，成年雄性性格改变，开始为雌性群而相互争斗。

1 战斗以威慑性和挑衅性的态度开始。很多情况下，这足以把对手吓跑。

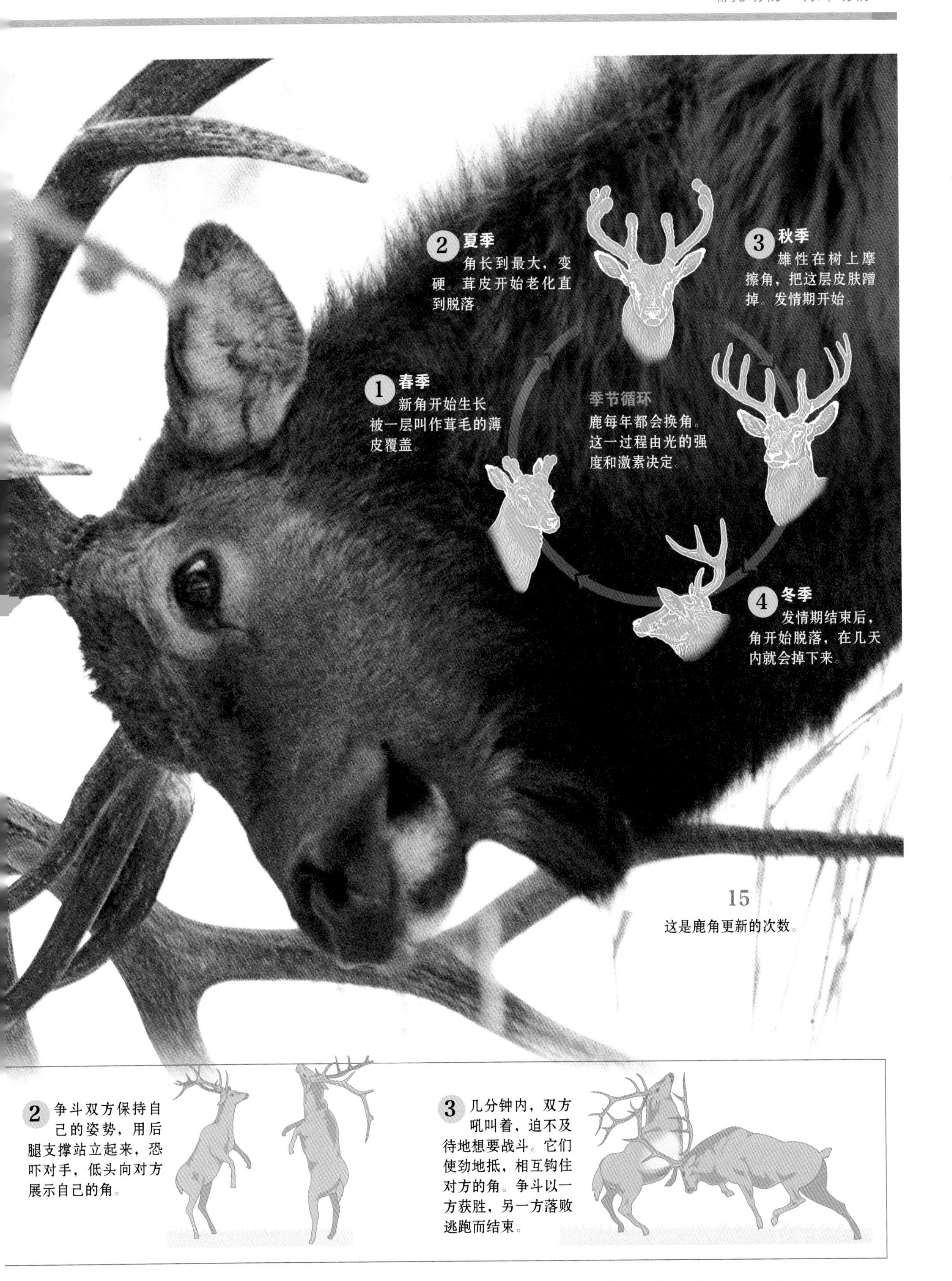

2 夏季
角长到最大，变硬。茸皮开始老化直到脱落。
3 秋季
雄性在树上摩擦角，把这层皮肤蹭掉。发情期开始。
1 春季
新角开始生长。被一层叫作茸毛的薄皮覆盖。
季节循环
鹿每年都会换角。这一过程由光的强度和激素决定。
4 冬季
发情期结束后，角开始脱落，在几天内就会掉下来。
15
这是鹿角更新的次数。
2 争斗双方保持自己的姿势，用后腿支撑站立起来，恐吓对手，低头向对方展示自己的角。
3 几分钟内，双方吼叫着，迫不及待地想要战斗。它们使劲地抵，相互钩住对方的角。争斗以一方获胜，另一方落败逃跑而结束。

Blastocerus dichotomus

沼泽鹿

体长：1.53~2 米
尾长：12~17 厘米
体重：80~125 千克
社会单位：群居
保护状况：易危
分布范围：阿根廷、巴西、巴拉圭、玻利维亚和秘鲁

沼泽鹿是南美洲最大的鹿。它们的角大约有 0.5 米长，通常有 10 个角尖。栖息在河漫滩平原地区。它们的蹄子能张开，使踩踏的面积更大，在泥地里也不会陷下去。它们是游泳健将。每胎可产 1 只幼崽，幼崽 1 年后独立。

Hippocamelus antisensis

秘鲁马驼鹿

体长：1.5~1.7 米
尾长：11~13 厘米
体重：45~65 千克
社会单位：群居
保护状况：易危
分布范围：阿根廷、智利、玻利维亚、秘鲁

同它们的近亲智利马驼鹿相比，体形较小，毛色呈淡灰色。它们的角的长度不会超过 30 厘米，分成两个角尖。生活在海拔 2000 米以上开放的多岩石地区。以 4~9 只的小群体生活。常受竞技性狩猎、栖息地破坏和家养犬捕食的威胁。

Ozotoceros bezoarticus

草原鹿

体长：1.1~1.35 米
尾长：10~15 厘米
体重：25~40 千克
社会单位：群居
保护状况：极危
分布范围：阿根廷、乌拉圭、巴西、巴拉圭和玻利维亚

直到 19 世纪草原鹿仍是一个分布广泛的物种。但目前只在几个孤立的点状地区有幸存下来的草原鹿。它们的角中等大小，通常有 6 个角尖。栖息在牧草丰盛的开放地区。组成只有数个个体的小群体生活，有时和鸟类合作，有危险时，鸟会给它们报警。每胎可产 1 只幼崽，出生时身上有斑点，4 个月后断奶。

Hippocamelus bisulcus

智利马驼鹿

体长：1.4~1.65 米
尾长：10~20 厘米
体重：65~90 千克
社会单位：独居和群居
保护状况：濒危
分布范围：阿根廷和智利

这种鹿栖息在山区或被森林覆盖的山坡上。它们的角在角基附近分为两支。以草、树叶、灌木叶为食。独居或以小群体生活。幼崽生下时毛色是一样的，4 个月后断奶。这一物种所面临的最主要的威胁是狩猎、犬的攻击和外来物种如欧洲马鹿以及家养牲畜的竞争。

山区生活
它的腿比其他鹿的腿短，适应在陡峭的地区活动。

Pudu puda

智利巴鹿

体长：67~81 厘米
尾长：3~4 厘米
体重：7~13 千克
社会单位：独居
保护状况：易危
分布范围：阿根廷和智利

智利巴鹿是世界上最小的鹿。它的角长达 10 厘米，不分叉。披毛短且硬。它的小尾巴几乎看不见。栖息在有茂盛植被的潮湿的森林中。以草、灌木叶、花和果实为食。独居，有领地意识。每胎可产 1 只幼崽，幼崽背部有斑点，2 个月后断奶。

门：脊索动物门
纲：哺乳纲
目：偶蹄目
科：鼷鹿科
种：10

鼷鹿

尽管叫鼷鹿，但并不是真正的鹿，而是反刍动物的祖先，被认为是现存的最小的有蹄动物。它们栖息在亚洲南部的热带森林里，只有一个种起源于非洲。

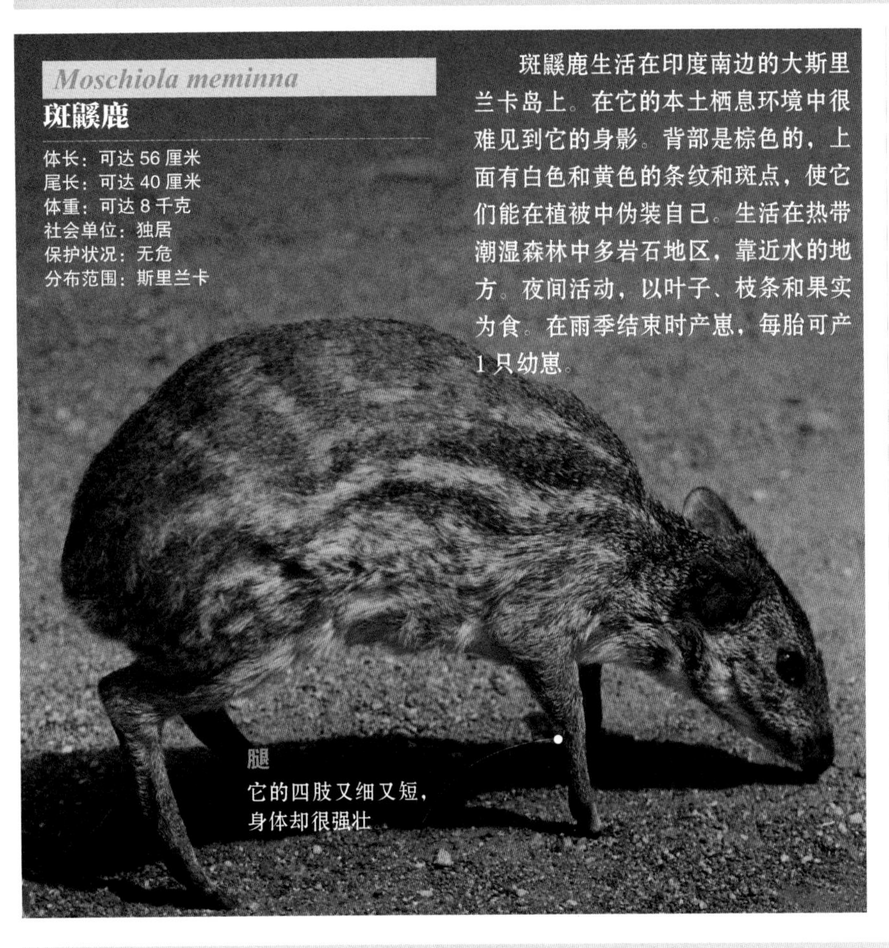

Moschiola meminna

斑鼷鹿

体长：可达 56 厘米
尾长：可达 40 厘米
体重：可达 8 千克
社会单位：独居
保护状况：无危
分布范围：斯里兰卡

斑鼷鹿生活在印度南边的大斯里兰卡岛上。在它的本土栖息环境中很难见到它的身影。背部是棕色的，上面有白色和黄色的条纹和斑点，使它们能在植被中伪装自己。生活在热带潮湿森林中多岩石地区，靠近水的地方。夜间活动，以叶子、枝条和果实为食。在雨季结束时产崽，每胎可产 1 只幼崽。

腿
它的四肢又细又短，身体却很强壮

Hyemoschus aquaticus

水鼷鹿

体长：可达 1 米
尾长：可达 10 厘米
体重：可达 16 千克
社会单位：独居和群居
保护状况：无危
分布范围：非洲中部和西部

水鼷鹿，水中活动，毛色为红棕色，有横向的白色条纹。生活在河谷冲积平原和热带雨林中。夜间非常活跃，白天躲在植被中休息。当预感有危险时，就保持不动或潜入水中。在水中可以轻易逃脱，因为它们擅长游泳。以果实、叶子和茎为食。是真正的反刍动物，有一个分成四室的胃。雌性生活在固定的地方，成年雌性一生都在同一片区域活动。相反，雄性经常变换领地。它们会为了接近一只发情的雌性而争斗，为此会用犬牙撕咬对方。妊娠期为 6~9 个月。每胎可产 1 只幼崽，刚出生前几天，母亲会把它藏起来，3 个月后断奶。9~26 个月内，幼崽会离开母亲独立生活。

门：脊索动物门
纲：哺乳纲
目：偶蹄目
科：麝科
种：7

麝鹿

麝鹿外表长得像鼷鹿，头上既没实角也没洞角。相反，雄性的上犬牙从嘴巴中突出来，腹部有腺体，能分泌麝香。

Moschus chrysogaster

马麝

体长：可达 1 米
尾长：可达 6 厘米
体重：可达 18 千克
社会单位：独居
保护状况：濒危
分布范围：亚洲中南部（不丹、中国、印度、尼泊尔）

马麝嗅觉异常发达，这对它们和同类的交流极其重要。白天躲在植被中，晚上会跑到开放地区。它们栖息在高海拔有森林、灌木和牧草的地方。以地衣、苔藓、草和嫩枝为食。

它们不进行季节迁徙，在划定的领地内活动，忍受着寒冷的冬季。如果受到威胁，会跳着逃跑，每次能跳 6 米远。每胎可产 1~2 只幼崽，3 个月后断奶。由于人类不加区别地对其狩猎，它们的数量已大幅度减少。

长颈鹿

门：脊索动物门
纲：哺乳纲
目：偶蹄目
科：长颈鹿科
种：2

现存的长颈鹿科只有两种：獾伽狓和长颈鹿。它们腿长，颈长，牙齿小，舌头长，能取食，心脏发达。头上有小小的骨质角，被茸毛覆盖。雄性通过用脖子和角攻击对手来确定领地的管辖权。

Okapia johnstoni

獾伽狓

体长：1.9~2.1 米
尾长：40 厘米
体重：180~310 千克
社会单位：独居，很少情况下群居
保护状况：近危
分布范围：非洲中部

直到 1901 年獾伽狓才被科学界认识，那时是把它当成斑马的一种。随后的研究把它定义为长颈鹿现存的最近的近亲。脖子相对较长，大耳朵。雄性长有被皮肤覆盖的小角，角向后倾斜。獾伽狓走路的方式和长颈鹿相似，每走一步，同时抬起身体同一侧的前腿和后腿。栖息在封闭的森林中，寻找树倒下之后留下的空地，以树叶、果实、牧草和菌类为食。也吃河岸边的矿物盐和黏土。同长颈鹿一样，幼崽和发情期的雄性会发出轻柔的呜咽声。成对生活，极少的情况下会组成成员数量少的家庭群，但是从不会结成大群。刚出生的幼崽重约 16 千克，通常 6 个月后断奶。3 年后可以长到成年獾伽狓的大小。

可以用舌头扯下树叶，甚至还能用它清洁耳朵。

伪装
它的毛色在哺乳动物中是独一无二的，在植被中行走时不易被发觉。

皮毛
毛是深棕色，腿上有白色的横向条纹。

Giraffa camelopardalis

长颈鹿

体长：3.5~5.5 米
尾长：1 米
体重：550~1930 千克
社会单位：群居
保护状况：无危
分布范围：非洲

长颈鹿是现存最高的动物，可以长到 5.5 米高。通常毛色颜色较淡，上面有大的棕色斑点，但是在 9 个已知亚种之间会有不同变化。头上有两只骨质角，被茸毛覆盖（一些亚种会有四只角：两只前角，两只更小的后角），雄性前额会多一个突出的疖子。有长吻、大耳朵以及可伸缩的舌头。它们的腿又长又壮，前腿比后腿长一点，有两个有蹄子的指头，没有副指头。栖息在干旱开阔的热带草原上。主要以合欢树树叶和树枝为食。每 2 天或 3 天喝一次水，喝水时，把前腿张到最大，然后低下头，这个姿势把它暴露在唯一的敌人狮子面前。年轻时长颈鹿结群生活，年老时会独居。通常睡觉时间很短，而且是站着睡。每胎可产 1 只幼崽，1 年后断奶。

角
不是从头颅中长出来的，而是以头颅为支撑。

舌头
可以达半米长。用来咬下树枝和树叶。

声带
没有声带，但是能发出频率很低的呜咽声，和人类听不到的次声波。

长脖子
只由7 节椎骨支撑，这和人及大部分哺乳动物是一样的。

大心脏
心壁很厚，心脏可以超过半米长。

长颈鹿低下头时，比如喝水，通过耳朵后方的黏膜调节血压。以这种方式防止血压影响大脑。

牛科

- 门：脊索动物门
- 纲：哺乳纲
- 目：偶蹄目
- 科：牛科
- 种：141

这是现存有蹄动物群中种类最多的，包括牛、山羊、绵羊、羚羊和其他近亲动物。雄性和一些雌性头上有一对角，与鹿不同的是，它们不会换角。所有的种类都是草食动物，没有上门牙。成年动物是反刍动物，有分成4个室的胃。它们能在各种环境中生活。

Bubalus arnee

水牛

体长：2.4~3 米
尾长：90 厘米
体重：800~1200 千克
社会单位：群居
保护状况：濒危
分布范围：亚洲南部和东南部，引入其他国家

水牛与水体有着密切的联系。它们的原生地是河岸林和冲积草原。雌性和幼崽组成10~20只的群体，有些也可以达到100只。相反，成年雄性不太具有社会性。水牛受多种威胁，其中最突出的是竞技性狩猎、农田的扩张和改变水生态系统的水坝。

水栖
天气炎热时，待在水中或泥中。

Boselaphus tragocamelus

蓝牛羚

体长：1.8~2.1 米
尾长：45 厘米
体重：120~240 千克
社会单位：群居
保护状况：无危
分布范围：亚洲南部（印度、尼泊尔和巴基斯坦）

蓝牛羚是亚洲体形最大的羚羊。同身体的其他部位相比，头很小，颈上有一簇竖起的鬃毛。只有雄性才有角，角是尖的，长约20厘米。它的腿很细。雄性的毛是灰色或蓝灰色，雌性的毛是栗色的。此外，雄性的突出特征是脖子下面有长度超过10厘米的长毛。听觉和视觉发达。栖息在开放的森林中，有时在开放的平原上。日间活动，但是在早上的前几个小时和下午的后几个小时更为活跃。以草为食，也吃树叶和果实。雌性结成10~15只的群体。雄性有领地意识。每胎可产1或2只幼崽，幼崽出生时毛是棕色的。

Pseudoryx nghetinhensis

中南大羚

体长：1.2~1.8 米
尾长：30 厘米
体重：70~100 千克
社会单位：独居和群居
保护状况：极危
分布范围：亚洲东南部（越南和老挝）

研究人员1992年对猎人手中的3只角进行研究，才发现这一物种的存在。毛是栗色或红褐色，脸上有白色的斑点，背部有深色的条纹。它的腿发黑。角长，锋利、光滑，几乎是直的。栖息在300~1800米高的密林中。独居或者结成不超过3只的群体。以河岸附近的蕨类植物和灌木为食。每胎只产1只幼崽。

Tetracerus quadricornis

四角羚

体长：0.8~1.1 米
尾长：15 厘米
体重：17~25 千克
社会单位：独居
保护状况：易危
分布范围：亚洲南部（印度和尼泊尔）

这是唯一有四只角的牛科动物，角短呈圆锥形。毛是棕色的，腿和嘴有深色的条纹。栖息在有树的山区，靠近水的地方。以牧草、灯芯草、叶子和果实为食。这种羚羊是独居的，很少能见到2只以上的羚羊生活在一起。农田扩张破坏了它们所栖息的森林，对它们造成了威胁。这是一种胆小的动物，很难见到野生的四角羚。

Syncerus caffer

非洲水牛

体长：1.7~3.4 米
尾长：70 厘米
体重：250~850 千克
社会单位：群居
保护状况：无危
分布范围：撒哈拉以南非洲

非洲水牛的突出特征是体形大，毛色深，但是不同的亚种会有所不同。它们栖息在多种环境中，总是靠近有水源的地方，在水里洗澡，在泥里打滚。食草，具有社会性，可以结成多达 2000 头的群体。通过声音，协调整个群体的行动，发出危险警告。雄性之间通过争斗获得接近雌性的机会，争斗时双方相互打斗、用头顶撞。

角
角健壮，基部弯曲，在前额相交。

共栖
牛椋鸟清除寄生虫，清洁伤口。

Bison bison

美洲野牛

体长：2.1~3.5 米
尾长：80 厘米
体重：350~1000 千克
社会单位：群居
保护状态：近危
分布范围：美国和墨西哥

由于欧洲殖民者的屠杀，19 世纪时美洲野牛处在灭绝的边缘。它的特征是头部、肩部、前腿有大面积的长毛，而身体其他部分的毛要短很多，颜色也淡。有弯曲的短角，雄性用来与对手对抗。尽管体形大，但是跑得很快，也会游泳。听觉异常发达。结成群体，没有领地意识。成年雌性带着它的幼崽形成群体，群体由一头雌性领导。以牧草为食，食物匮乏的季节也会吃苔藓和地衣。每天都会喝水。每年根据季节和能获取的食物量进行迁徙。

Bos mutus

野牦牛

体长：3~3.4 米
尾长：60 厘米
体重：300~1000 千克
社会单位：独居和群居
保护状况：易危
分布范围：亚洲中南部（中国和印度）

直到几年前这种野牦牛和家养牦牛还被认为属于同一种，目前它们被认为是不同的种。内毛柔软，外毛长，颜色深。它的角长在头的两侧，向上弯曲。栖息在非常寒冷多风的海拔高达 5400 米的大荒原。攀缘能手。以牧草、苔藓和地衣为食。可以形成超过 100 个个体的牦牛群。

Bos primigenius taurus

家牛

体长：2.5~3.1 米
尾长：80 厘米
体重：700~1000 千克
社会单位：群居
分布范围：亚洲南部和西南部、欧洲、非洲北部，引入全世界

家牛在 8000 年前被驯化，作为奶、肉和皮的来源。它的毛短，但是冬季变得很浓密。雄性和雌性的角都长在头顶，朝两侧长。雄性为了接近由好几只雌性和幼崽组成的牛群而争斗。它的原生地是开放的森林和草地。

皮毛
颜色变化很大，有咖啡色、红褐色、黑色、白色，身上有斑点。

Taurotragus oryx

伊兰羚羊

体长：2~3.45 米
尾长：50 厘米
体重：300~940 千克
社会单位：群居
保护状况：无危
分布范围：非洲东部与南部

伊兰羚羊是长得最像牛的一种羚羊。它们的角呈螺旋状，可达 1.2 米长。毛是褐色或者褐色到淡灰色（老年雄性为蓝褐色），脊背有一道黑色的条纹。驼峰长在背上。背上还长着小的近似白色的纵向条纹。在所有反刍动物中，它们征服了最多样的环境，从半荒漠、草原、森林到海拔高达 4900 米的山区。为了寻找食物长途跋涉，能很长时间不喝水。可以暂时组成超过 100 个个体的群体。每胎可产 1 只重 36 千克的幼崽，6 个月断奶。人类为了获取肉、皮和奶而驯养它们。

仅雄性
前额上有一撮褐色的毛。

Tragelaphus eurycerus

紫羚

体长：1.7~2.5 米
尾长：80 厘米
体重：210~405 千克
社会单位：独居和群居
保护状况：近危
分布范围：非洲西部与中部

紫羚是森林羚羊中最大的一种。毛呈栗色，身上有白色的纵向条纹，腿上有白色的斑纹，前腿更明显，这一特征使它们不易与其他动物混淆。它们的角呈里拉琴状。通常先在泥水坑里打滚，然后在树上摩擦身体和角。栖息在低地森林和海拔 3000 米以上的山地森林中。雌性组成多达 50 个个体的群体。

Tragelaphus strepsiceros

扭角林羚

体长：1.85~2.45 米
尾长：45 厘米
体重：120~315 千克
社会单位：群居
保护状况：无危
分布范围：非洲东部与南部

扭角林羚生活在多种栖息地中，只要有捕猎者的地方，一般会有它们的身影。它们是这一科动物中长得最高的，根据性别分开组群，只有繁殖期才会聚集在一起。以多种树叶、草、花和果实为食。幼崽在雨季出生，前 2 周内受母亲保护，直到和群体的其他成员融合在一起，在群体里待 2~3 年，直至形成自己的群体。

Tragelaphus spekeii

林羚

体长：1.15~1.7 米
尾长：25 厘米
体重：50~125 千克
社会单位：独居和群居
保护状况：无危
分布范围：非洲西部与中部

林羚生活在沼泽和泥塘中。又长又尖的蹄子使它们能轻松地在烂泥中行走。它们还是游泳“高手”，为了躲避捕猎者，它们可以完全潜入水中，只露出眼睛和鼻子。以草、灌木树叶和水生植物为食，白天、晚上都很活跃。雄性的角呈螺旋状，有沟纹。雌性独居或结成有 2~3 个个体的群体。

不同的颜色
地理位置不同，个体不同，颜色也不同。

Cephalophus silvicultor

黄背小羚羊

体长：1.5~1.9 米
尾长：20 厘米
体重：45~80 千克
社会单位：独居和成对
保护状况：无危
分布范围：非洲西部与中部

黄背小羚羊的毛是深棕色至黑色的，背部有一块明显的黄色斑纹。它们的角长 20 厘米，角尖轻微向后弯。夜们间更为活跃。雄性和雌性都有领地意识。通过声音很大的咩咩的叫声和哼叫声进行交流。以果实、草、树叶、种子和真菌类植物为食。在上颌和每个蹄的后面都有香腺，用来标记领地，交流繁殖状况，确定社会关系。妊娠期为 7 个月，每胎可产 1 只幼崽，产 2 只的情况非常少见。幼崽出生时重约 2.5 千克。

危险警报
当受到威胁时，黄背小羚羊会把背部的黄毛竖起，发出尖叫声

Ourebia ourebia

侏羚

体长：0.92~1.4 米
尾长：10 厘米
体重：14~21 千克
社会单位：成对和群居
保护状况：无危
分布范围：撒哈拉以南非洲

侏羚的细毛呈淡黄色至红色，像丝般柔软，腹部是白色的。耳朵下面有一块明显的深色斑点。雄性的角是环状的，又小又尖。栖息在草原、冲积河谷和开放的牧场。以牧草和灌木叶为食。成对或结成多达 7 个个体的群体生活。雄性帮助养育幼崽。人类为获取它的肉而对其大量捕杀，加上领地面积的减少，使侏羚的分布更加分散。

腿
又细又长，非常适合在牧草之间行走。

Sylvicapra grimmia

灰小羚羊

体长：0.7~1.15 米
尾长：15 厘米
体重：12~25 千克
社会单位：独居、成对
保护状况：无危
分布范围：非洲中部与南部

灰小羚羊是在非洲分布最广的一种羚羊。有 10 厘米长的小角，角尖锋利。它们的特征是前额上的一撮毛，嘴上有一道黑毛，还有尖尖的大耳朵。毛是灰色的，或是偏红的黄色，身体下侧是白色的，毛色根据个体的栖息地不同而变化。这是森林草原的特有物种，在其他多种环境中，如从开放地区到山地地区也能看到它们的身影。有领地意识，不管是雄性还是雌性都会驱逐入侵者。以树叶、草、果实和种子为食。在一天中最为凉爽的几个小时内比较活跃，天气热时，在阴凉处休息。结成繁殖伴侣，可以在一年中的任何时期进行交配。妊娠期大约为 6 个月，每胎可产 1 只幼崽，很少情况下是 2 只。6 个月时体形达到成年羚羊大小。

Madoqua kirkii

柯氏犬羚

体长：52~72 厘米
尾长：5 厘米
体重：4~7 千克
社会单位：成对
保护状况：无危
分布范围：非洲东部与西南部

柯氏犬羚的俗名指的是察觉危险时发出的叫声的拟声词，就像“斯克，斯克”或者“迪克，迪克”。毛发柔软，呈红褐色或者灰褐色。成对生活，非常团结。用存储的排泄物和位于眼睛前腺分泌物标记领地范围。只有雄性会赶跑入侵者，甚至是赶跑其他雌性。雌性每胎只产 1 只幼崽，并且会把它藏 20 天左右，6 周后断奶。在一些地区，柯氏犬羚遭到大量的猎杀，它的皮毛被用来做成手套。最大的威胁来自农田和人类住宅面积的扩张。

独有的特征
只有雄性长角，角基结实呈环状。

Oreotragus oreotragus

山羚

体长：0.7~1.15 米
尾长：7~10 厘米
体重：10~18 千克
社会单位：成对
保护状况：无危
分布范围：非洲东部、中部与南部

山羚的小蹄子使它能在陡峭的多岩石地区轻松跳跃。背部的毛为橄榄黄色，腹部近似白色。雄性有角，极少情况下雌性长小小的直角。成对和幼崽生活在一起，有划定范围的领地。夫妻的一方负责放哨，一有风吹草动，它们就会通过尖锐的叫声向其他成员报警。

Redunca redunca

苇羚

体长：1~1.35 米
尾长：20 厘米
体重：35~65 千克
社会单位：独居和群居
保护状况：无危
分布范围：非洲西部至东部

苇羚是一种体形中等的羚羊，生活在有牧草的潮湿草原和冲积平原上。居住在靠近水源的地方，但不会进入水中。耳朵下方有一个突出的灰色斑点，这个斑点和香腺有关。在旱季组成包括雄性、雌性和幼崽的群体。用“嘎吱嘎吱”声和“沙沙”声发出警报，会标记领地。在繁殖期建立联系。

Kobus leche

驴羚

体长：1.3~1.8 米
尾长：40 厘米
体重：60~130 千克
社会单位：群居
保护状况：无危
分布范围：非洲南部

驴羚的毛又长又厚，颜色从栗色到黑色，身体下侧为白色。只有雄性长角，角呈螺旋状，有横向的突出物。生活在冲积平原和沼泽地，是游泳“高手”。以生长在冲积平原的各种牧草和水生植物为食。吃水生植物时，水可以浸到肩部。妊娠期为 7 个月，每胎可产 1 只幼崽。

Kobus ellipsiprymnus

水羚

体长：1.75~2.35 米
尾长：40 厘米
体重：160~300 千克
社会单位：群居
保护状况：无危
分布范围：撒哈拉以南非洲

水羚是最重的一种羚羊。毛又厚又长，且浓密。它们环状的角长达 1 米。栖息在森林草原靠近水源的地方。面临危险时，潜入水中，游泳逃跑或者隐藏自己，只把嘴露在外面。年轻雄性组成达 5 个个体的群体，而成年雄性则组成由一只雄性首领、几只雌性和它们的幼崽构成的小群体。

颜色标志
每只高角羚的耳朵、前额、尾巴、肋部上的黑色条纹都是不同的。

Aepyceros melampus

高角羚

体长：1.2~1.6 米
尾长：40 厘米
体重：40~80 千克
社会单位：群居
保护状况：无危
分布范围：非洲东部与南部

高角羚可能是所有羚羊中最苗条的。它们跑得快，跳得高。跳跃的时候，把后腿完全展开。有时候会从灌木和其他高角羚身上跳过。栖息在开放的森林和草原上，以草本植物、叶子、牧草和果实为食。白天、晚上都活跃，进食休息交替进行。它与众不同的地方是发情期雄性和幼崽不断发出的声音，以及整个群体在逃避危险时发出的声音，就像小的爆炸声。雌性及其幼崽和一只或多只雄性组成达 100 个个体的群体。同时也会形成大约有60只年轻雄性的群体。在旱季，羚羊群是混杂的。

雌雄都有角
雄性和雌性都有角。角长可达70 厘米。

Alcelaphus buselaphus

狷羚

体长：1.6~2.15 米
尾长：60 厘米
体重：115~215 千克
社会单位：群居
保护状况：无危
分布范围：非洲西部、东部与南部

狷羚的特征是长长的头、细细的腿，有一簇尾毛的尾巴以及眼睛下方明显的腺体。环状的角像里拉琴，角在肉冠处相交，向上延伸。它的毛为栗色到灰色。生活在干旱的草原和牧场，这些地方给它提供了食用的坚硬牧草。可以组成 4 种社会群体：雄性首领和雌性以及幼崽；雄性、雌性和幼崽；3 或 4 只年轻雄性；1 只独居的老年雄性，这是最奇怪的。

Beatragus hunteri

亨氏牛羚

体长：1.2~2 米
尾长：40 厘米
体重：80~118 千克
社会单位：独居和群居
保护状况：极危
分布范围：肯尼亚

亨氏牛羚也称为“四眼狷羚”，这是因为它们位于嘴上端的明显的眶下腺，并用此来标记领地。栖息在树木稀疏的草原，组成由一只成年雄性领导的包括 5~40 只雌性的群体。成熟的雄性独居，通过与其他雄性争斗获取接近雌性的机会，通过展示力量的姿势和用角的争斗来进行对抗。妊娠期持续 7~8 个月，随后产下 1 只幼崽，极少情况下是 2 只。雌性在 2~3 岁之间性成熟。雄性直到长得足够大、拥有领导地位、能对抗其他雄性时，才进行交配。

保护

亨氏牛羚是非洲受到威胁最严重的动物之一：阿拉瓦乐国家公园和察沃国家公园（肯尼亚）只剩500 只。

Connochaetes taurinus

斑纹角马

体长：1.7~2.4 米
尾长：1 米
体重：140~290 千克
社会单位：群居
保护状况：无危
分布范围：非洲东部与南部

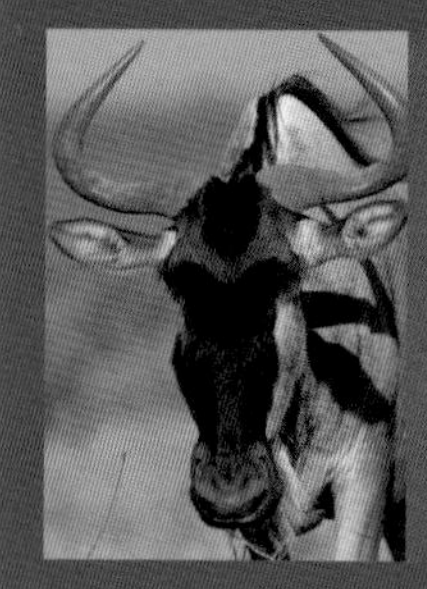

食物
吃所有种类的牧草，如果找不到其他食物，也会吃多种树叶。需要每天喝水。

身体健壮，四肢细长，头大吻长，角像牛角，肩部比臀部高。毛是银灰色，脸中间有一撮黑色的毛，另一撮黑毛在颈下，直立的鬃毛，长尾巴。生活在有开阔的草原和靠近水源的平原地区。斑纹角马主要吃牧草，有时也会吃多汁的植物和几种灌木。早上前几个小时和下午后几个小时活跃，这是一种避开炎热时段的策略。为了寻找牧草，会进行数百千米的迁徙。在迁徙过程中，穿过河流时，易受鳄鱼的攻击。成年雄性结成的群体在繁殖期会解体，繁殖期它们会确立自己的领地。在旱季，会组成不分性别、年龄的大群体。在雨季开始时产下 1 只幼崽。几乎所有的雌性都会在 2~3 周内分娩。幼崽出生 6 分钟后就能站立。

大群体
斑纹角马会聚集形成包括数千或者更多个体的群体。这种群体只在旱季形成，包括雄性、雌性和它们的幼崽。

粗角
从头部两侧长出，向上弯曲。
颈
又粗又壮。
鬃毛
由长毛组成，在颈部是直立的。
尾巴
长且黑。

Addax nasomaculatus

旋角羚

体长：1.2~1.75 米
尾长：35 厘米
体重：60~135 千克
社会单位：群居
保护状况：极危
分布范围：非洲西北部

旋角羚是大型的有蹄动物，适应了荒漠和半荒漠的环境。它的角长，呈环状，螺旋弯曲多达 3 次。和同类结成群体，中午为了躲避炎热，在树荫下休息。一个群由 4 只旋角羚组成，但在过去一个群中的数量要多得多。

螺旋
雌雄都有角，有1~3 个弯。

保护

由于狩猎和干旱而受严重的威胁。据估计，它们的总数量不超过300 只。

Damaliscus lunatus

转角牛羚

体长：1.5~2.3 米
尾长：40 厘米
体重：75~160 千克
社会单位：群居
保护状况：无危
分布范围：撒哈拉以南非洲

转角牛羚的头细长，有环状的角，弯曲成“L”状。前额和嘴上的黑色大条纹非常明显。聚集在牧草丰盛的地区。用尿等排泄物、腺分泌物和地面上的突出物来划定领地范围。迁徙时，为了征服 1 只雌性，几只雄性相互竞争，如果是一雄多雌，则在雄性的领地内进行繁殖。

Oryx gazella

南非剑羚

体长：1.8~1.95 米
尾长：45 厘米
体重：180~240 千克
社会单位：群居
保护状况：无危
分布范围：非洲南部

南非剑羚是一种体形大的羚羊，比较突出的是差别明显的毛色。毛色整体是灰色或棕色。一道宽的横向条纹覆盖在肋部下侧。雌雄两性都有又长又直的角。栖息在干旱的沙漠地区。它们在这种地区存活下来的一种策略就是领地意识不强。这样可以和同伴在正午时一起享用树荫。

Hippotragus equinus

马羚

体长：1.9~2.4 米
尾长：45 厘米
体重：223~300 千克
社会单位：独居和群居
保护状况：无危
分布范围：撒哈拉以南非洲

马羚是一种大型羚羊，因为长得像马而被人认识。除了腹部是白色的外，其他地方的毛都是棕色至红色的。有一个明显的黑、白色的毛做的“面具”。雌雄颈部都有直立的鬃毛及颌毛。角是黑色环状的，朝后弯曲。它们栖息在森林草原和牧场靠近水源的地方。一天需喝 2 次水。结成小群体。

Hippotragus niger

黑马羚

体长：1.9~2.55 米
尾长：60 厘米
体重：200~270 千克
社会单位：独居和群居
保护状况：无危
分布范围：撒哈拉以南非洲

黑马羚体形大，总体长得像马。成年雄性的毛发乌黑发亮，面部是白色的，面颊上有黑色的条纹。雌雄都有粗且长的角，长达 1.6 米，向后弯曲，上面有很多的圈。栖息在热带草原和热带灌木林。旱季时可组成由 30 个以上个体构成的群体。雌性把幼崽藏起来 2~3 周。

Eudorcas thomsonii

汤氏瞪羚

体长：0.8~1.2 米
尾长：20 厘米
体重：15~35 千克
社会单位：群居
保护状况：近危
分布范围：非洲东部

臀部的白色没延伸到尾巴上。

栖息在肯尼亚和坦桑尼亚的草原上。主要以牧草为食，在旱季也会吃其他草本植物和果实。雨季开始后，当牧草开始生长时，大批汤氏瞪羚会聚集在一起，形成包括雌雄两性的群。雄性确立小面积的领地，直径不超过 300 米，会积极保护领地。如果它们的领地和其他有蹄动物重合，则会一起分享牧草。非常耐渴，因此可以在干旱的平原生活很长时间，那时其他有蹄动物都已经出发去寻找湿润的土地了。这一物种受到旅游、外来物种、火灾、修建公路和其他因素的威胁。

逃离捕猎者

汤氏瞪羚是大型猫科动物、鬣狗、豺的主要猎物之一。在广阔的草原上，它唯一的防御方式就是奔跑，跑得非常快。凭借它们的耐力以及突然改变方向的能力可以成功摆脱天敌。

角
环状的长角，角微弯曲。用来和雄性争斗以及防的捕猎者。

眶前腺
眼前有腺体，用腺分泌物标记领地。

头部
喉部和耳朵内部的颜色与眼睛周围的颜色是一样的，都是白色。

毛发
背部颜色淡红，腹部和四肢内侧是白色的。突出的是两侧肋部的一道黑色条纹，条纹一直延伸至两腿根部。

这是在约20 年内汤氏瞪羚数量减少的比例。

跃入空中
表示汤氏瞪羚已经意识到自己被捕猎者盯上的动作。

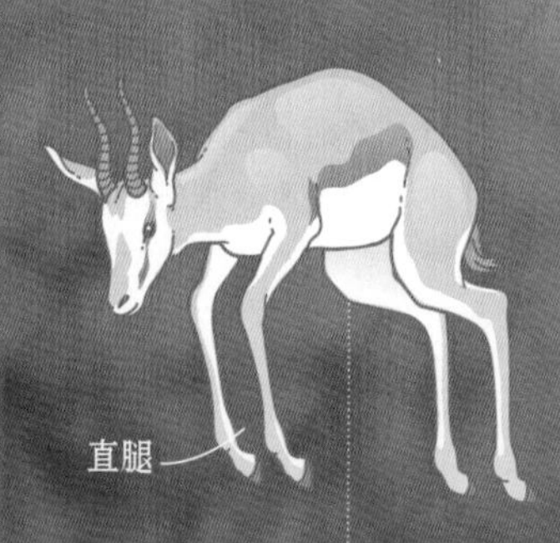

可以跳2 米高

视觉效果
汤氏瞪羚是安静的动物，通过眼神与同伴进行交流。跳跃时翘起尾巴，露出白色的屁股：在群体中，这一动作产生一种波状的视觉效果，和跃入空中这一动作一样，也是通知捕猎者。

波状效果

汤氏瞪羚是少数的一年能繁殖2 次的牛科动物。

对敌

当结成小群体时，汤氏瞪羚对潜在的危险十分警觉。能察觉邻近的捕猎者什么时候准备进攻、什么时候还没准备好。因此，有时候这些草食动物会明目张胆地靠近捕猎者。

捕猎者埋伏以待

汤氏瞪羚远离捕猎者，至少需要30米来进行逃脱，以便在奔跑中获取优势。

捕猎者没有进攻意图

汤氏瞪羚可以靠近，而且没有被攻击的危险。

短尾

上面覆盖着黑色的毛，尾巴在不断地摇动。

腿

可以跑得比一些捕猎者还要快。面对猞猁时却不是这样，能摆脱猞猁是因为它们能在更长时间内保持高速奔跑。

不是全靠速度

突然改变方向使得捕猎者晕头转向，在长时间的追捕过程中，捕猎者会筋疲力尽。

虽然被围困……

[illegible]千米/时

在被追捕过程中，汤氏瞪羚可达到的速度，或许跑得更快。

……但是能躲开捕猎者。

Gazella granti

葛氏瞪羚

体长：1.4~1.66 米
尾长：25 厘米
体重：38~81 千克
社会单位：群居
保护状况：无危
分布范围：非洲东部

葛氏瞪羚的显著特征是雌雄身上皆有的穿过屁股的纵向黑色条纹。

葛氏瞪羚的社会结构相当灵活：每个群里的雄性领袖可以根据食物和迁移情况进行更换。

发情期，对立的雄性会通过引人注目的表演来吸引雌性。把头高高抬起，快速做着重复动作，随后低下头，角朝前攻击对手。

面具
树叶形的面具，眼睛周围的毛乌黑发亮。

Gazella leptoceros

细角瞪羚

体长：1~1.1 米
尾长：20 厘米
体重：14~18 千克
社会单位：群居
保护状况：濒危
分布范围：撒哈拉和萨赫勒地区

细角瞪羚是流浪性动物，它们的迁移由草、灌木和其他多汁植物的获取量决定。它们能从这些食物中获取水分，因此不需要喝水也能生存。一只领头雄性和 2~9 只雌性组成一个群体。年轻雄性组成瞪羚群体，直到成熟，能为雌性而争斗。妊娠期为 156~169 天，在 1 月份和 2 月份分娩，每胎可产 1 只幼崽，产 2 只的情况比较罕见。

Gazella bennetti

印度瞪羚

体长：80~95 厘米
尾长：10 厘米
体重：18~23 千克
社会单位：独居或群居
保护状况：无危
分布范围：亚洲南部（印度、伊朗和巴基斯坦）

印度瞪羚栖息在平原的干旱地区、丘陵和灌木丛，甚至是沙漠中。在冬季，当牧草变黄时，它的毛色会变淡。颜色变化的同步性使它能躲开捕猎者。以在沙漠和其他荒凉地区获取的少量的草为食，有时候会用蹄子把草挖出来，这一行为使它具有与其他动物相比的竞争优势。

Nanger dama

苍羚

体长：1.4~1.65 米
尾长：30 厘米
体重：40~75 千克
社会单位：群居
保护状况：极危
分布范围：撒哈拉和萨赫勒地区（邻近撒哈拉沙漠南部边缘的地带）

苍羚是大型瞪羚，面临着灭绝的危险。如今剩下不到 500 只。主要原因是狩猎，另外还有沙漠化、与家畜之间的竞争及栖息地的流失等原因。它的毛色有红有白。群体进行迁徙，一个群体中有数百个个体。旱季向南迁徙，雨季开始时向北迁徙。

Gazella dorcas

小鹿瞪羚

体长：0.9~1.1 米
尾长：20 厘米
体重：15~20 千克
社会单位：群居
保护状况：易危
分布范围：非洲北部和中东地区

小鹿瞪羚栖息在干草原、草甸草原、旱谷（干涸的河道）和绿洲，在这些地方能获取树叶、花朵、灌木以及合欢树的荚果等食物。毛色根据栖息地的不同而不同：在撒哈拉北部的是红褐色，在红海的是淡红色。可以一生不喝水，因其可从吃下的植物中获取水分。妊娠期为 6 个月，每胎可产 1 只幼崽，产 2 只的非常罕见。幼崽前 3 个月喝母乳。

吻
吻的形状使它能吃到刺中间的树叶。
性别二态性
雄性的体形比雌性的大，只有雄性有角。

Litocranius walleri

长颈羚

体长：1.4~1.6 米
尾长：20 厘米
体重：28~52 千克
社会单位：群居
保护状况：近危
分布范围：非洲东部

这种独特的羚羊可以在吃树叶时用强壮的后腿保持站立的姿势。为了保持站立，它的脊椎保持直立，平衡体重。这样，当它把长脖子伸到 2 米多高时，长颈鹿和大象就变成了它仅有的食物竞争者。长颈羚适应了在干旱环境里的生活，只是偶尔会喝水。成年雄性有领地意识。交配是一个真正的仪式。雄性用眶前腺的分泌物来标记雌性，一直跟着它，直到在它的尿液中闻出它已经进入了发情期（这一行为也被称为“裂唇嗅”）。长颈羚的寿命为 10~12 岁，雌性的平均寿命要稍微长一些。

其他动物做不到的事情

可以用两条腿站立，身体保持直立，以够到最高处的树叶和嫩枝。

警报
把隐藏在皮肤褶子里的一撮白色的毛竖起来。
跃入空中
四肢挺直，身体呈弓形，进行一连串的快速跳跃，每一跳的高度超过3.5 米。

Antidorcas marsupialis

跳羚

体长：1.2~1.5 米
尾长：25 厘米
体重：20~59 千克
社会单位：群居
保护状况：无危
分布范围：非洲西南部

跳羚是一种生活在非洲大陆最南部的羚羊，当地人把它称作南非小羚羊。它的特征是当受到惊吓或玩耍时，能在空中跳 3.5 米高。主要栖息在荒漠、草原或干旱的牧场。20~50 只聚集成群，有时候可多达 1500 只。可以在一年中的任何时候繁殖，可以把分娩同步到雨季。幼崽出生几分钟后就能走路。在寒冷季节和干旱季节以牧草为食。也会吃花朵、植物块茎和根。缺水时它们会在晚上进食，因为那时露水可使湿度增加。

Rupicapra rupicapra

臆羚

体长：0.9~1.3 米
尾长：4 厘米
体重：24~50 千克
社会单位：群居
保护状况：无危
分布范围：欧洲和中东地区

直直的角、钩子状角尖向后弯是臆羚的突出标志。它是对山区生活适应得最好的动物之一。四肢有力，脚掌上有有弹性的肉垫，踩在凹凸不平的地面上也会很平稳。身上的两层毛能很好地抵御低温。在极端环境下，它们15 天不进食也能存活下来。

攀缘“高手”
在岩石间行动非常敏捷，每一次能跳2 米高。

Naemorhedus goral

斑羚

体长：0.95~1.3 米
尾长：20 厘米
体重：35~42 千克
社会单位：群居
保护状况：近危
分布范围：喜马拉雅山

斑羚有两层毛：浓密的内毛被一层棕灰色的更长的毛覆盖。雄性和雌性的区别在于雄性身上有半竖立的深色短鬃毛。雄性用它们利器般的角进行防御，试图把它们插入对手的肋部。视觉敏锐，能在吃草的同时发现捕猎者的出现。栖息在喜马拉雅山海拔高达 4000 米的森林中以及被灌木覆盖的山坡上。偶尔会在靠近山崖的地方看见它们。躲藏在岩石缝或者植被中。主要是在暮晨时刻活动。会用哼声、沙沙声、喷嚏声向同群的其他斑羚报警。取食范围广泛，包括嫩枝、叶子、茎、根、种子、牧草、树皮和真菌类等食物。喜欢喝流动的水。受到的威胁有狩猎、栖息地的破坏和家畜的增加。家畜不仅会和它们竞争食物，也会传播多种疾病。

Oreamnos americanus

雪羊

体长：1.4~1.6 米
尾长：20 厘米
体重：57~81 千克
社会单位：群居，极少独居
保护状况：无危
分布范围：美国阿拉斯加州至蒙大拿州、爱达荷州和俄勒冈州

雪羊身体健壮，身上有两层浓密的毛，白色的外毛更长、更密。雌雄两性都有角、一个小小的驼峰和须。蹄子上有坚硬的蹄甲，内部长有柔软的多孔的肉垫，当踩在岩石和冰面上时，抓力会增加。

白色
白色的浓密的皮毛很显眼。

Budorcas taxicolor

羚牛

体长：1.7~2.2 米
尾长：15 厘米
体重：150~400 千克
社会单位：群居
保护状况：易危
分布范围：喜马拉雅山和中国中南部

羚牛是这一群体中体形最大的一种，和其他羚羊不同的是，它全身分泌一种含油的刺鼻物质。它的腿上有 2 个脚趾，每一个脚趾上都有大蹄甲，球节非常发达。除了吃草之外，也会从多种矿物中获取盐。

危险面前
它会发出咳嗽声，群体中其他成员把它当作是警报声。

Ovibos moschatus

麝牛

体长：1.9~2.3 米
尾长：10 厘米
体重：200~410 千克
社会单位：群居
保护状况：无危
分布范围：美国阿拉斯加州、加拿大北部、格陵兰岛

尽管看起来像牛，但是麝牛与山羊和绵羊是近亲。麝牛得名于在交配期雄性身上散发出麝香味。大大的角在额头上几乎连接在一起，形成一个有特色的前额门牌。雌雄都有角，向下生长，角尖稍微弯曲。毛皮由浓密防水的内毛和粗糙的长长的几乎拖到地上的外毛组成。这层毛能很好地抵御潮湿和苔原地区特有的低温。有大大的蹄甲，使它能在雪上行走，而不至于陷下去。这种反刍动物的主要食物有草、苔藓和地衣。夏季利用日照时间长来进食，产生脂肪储备，来度过缺少食物的冬季。妊娠期为 8~9 个月，每胎可产 1 只幼崽，出生几小时后，幼崽就能加入群体中。当受到威胁时，群体成员围成一个圈，把幼崽围在圈里面。

Saiga tatarica

高鼻羚羊

体长：1.08~1.46 米
尾长：10 厘米
体重：21~51 千克
社会单位：群居
保护状况：极危
分布范围：伏尔加河至蒙古

尽管把高鼻羚羊当作是羚羊，但因为它头部的形状，目前分类依然有争议。它的特征是吻部细长，鼻子朝下，看起来像小的象鼻子。鼻孔向下，被毛覆盖，有腺体和带黏膜的囊，这些特征能在吸入的冷空气到达肺之前，温暖、湿润空气。只有雄性有角，角长长的呈环状。它们栖息在干旱的草原。进行迁徙时，很多个体结成群体。为了接近雌性，雄性之间会进行激烈的斗争，有些斗争的结果是致命的。至今的 35 年间这一物种的数量从 25 万下降到 5 万。为了获取它的角而进行的非法捕猎是其数量下降的主要原因。

Capricornis sumatraensis

鬣羚

体长：1.4~1.8 米
尾长：15 厘米
体重：50~140 千克
社会单位：独居
保护状况：易危
分布范围：苏门答腊岛、马来西亚、泰国南部

鬣羚的毛发深色且坚硬，多鬃毛。雌雄都有角，个体不同，鬃毛的颜色不同，一般从黑到白。短腿，结实的蹄子有利于在岩石间行走。它是下陡峭斜坡的“专家”。行动笨拙缓慢，但是遇到捕猎者攻击时，会用角进行防卫，可给对方造成致命的伤害。栖息在陡峭的山坡、多岩石地区或森林中，栖息地海拔高约 3000 米。天亮和黄昏时进食。气温较高的时段在山洞或阴凉处休息。具有很强的领地意识。它们会选择一处有充足食物、能提供庇护的地方，用粪便和尿液划定范围。妊娠期为 7 个月，每胎可产 1 只幼崽，极少情况下是 2 只。耕作、砍伐林中灌木林使鬣羚的生存受到威胁。

Hemitragus jemlahicus

喜马拉雅塔尔羊

体长：0.9~1.4 米
尾长：12 厘米
体重：60~100 千克
社会单位：群居
保护状况：近危
分布范围：喜马拉雅山

和其他山羊的不同之处在于，喜马拉雅塔尔羊的吻部是光秃秃的，没有须。自肩部起，浓密的长毛垂下来。冬季毛浓密、粗糙，毛色淡红。随着温度上升，多半的毛都会褪掉，毛色变淡。一般由 15~80 只或者更多的雌雄组成群体。在发情期，雄性为了雌性而争斗：把长毛竖起来恐吓对手，头朝下弯，露出角。

长毛
只有雄性有，覆盖整个脖子和前腿。

Ammotragus lervia

蛮羊

体长：1.3~1.65 米
尾长：20 厘米
体重：40~140 千克
社会单位：群居
保护状况：易危
分布范围：非洲北部

蛮羊是非洲少有的几种山羊中的一种。看起来像绵羊和山羊的混合体。整体颜色是红褐色，腹部为白色。喉部和前腿上部之间有柔软的长毛。角很重，上面有褶皱，向后弯曲。栖息在干旱的多岩石地区。当找不到浓密的植被藏身时，蛮羊就保持不动，和周围的环境融为一体，同时等待危险过去。雄性要比雌性大很多，体重是雌性的 2 倍。为了接近雌性群，雄性会进行激烈的争斗。在对立时，双方相距达 15 米，随后相互靠近直到交锋，使劲用头撞击。在对手还没准备好战斗时，不会攻击它。

Capra walie

西敏羱羊

体长：1.4~1.7 米
尾长：20 厘米
体重：50~125 千克
社会单位：群居
保护状况：濒危
分布范围：埃塞俄比亚北部

西敏羱羊的突出特征是引人注目的毛色：腹部和四肢内部为白色，眼睛周围、四肢外侧和臀部是暗灰色，脸部为栗色，背部是巧克力色。角长 1.1 米，在身体上方形成一个优雅的弓形。栖息在海拔 2500~4500 米之间的山崖和绝壁上，在森林边界之外。只在天气非常恶劣时，才会到森林的高处。

Capra aegagrus

野山羊

体长：1.2~1.6 米
尾长：20 厘米
体重：25~95 千克
社会单位：群居
保护状态：易危
分布范围：亚洲西部

野山羊栖息在露出岩石的山区、灌木丛或针叶林中。它的毛色集褐色、栗色、灰色和银色为一体，脸前方有一块是黑色的。夏季毛色更红。也被称作结石山羊，这个名字来源于消化道里的纤维和毛组成的牛黄或结石。在交配期，雄性会分泌一种油性物质吸引雌性。幼崽出生 1 周后断奶。

平衡感
可以在峭壁之间垂直跳跃达1.75 米。

毛皮
一年之中，根据季节的不同，毛皮颜色在灰色到棕色之间变化。

Ovis orientalis

东方盘羊

体长：1.1~1.45 米
尾长：8 厘米
体重：40~90 千克
社会单位：群居
保护状况：易危
分布范围：亚洲西南部

东方盘羊背部的毛为红棕色，腹部为乳白色。雌雄都有大的弯曲的角。雄性的角长达 65 厘米，在为了接近雌性而进行的争斗中，雄性用角攻击对手。栖息在高海拔地区与有牧草和灌木的平原。

Capra aegagrus hircus

山羊

体长：1.1~1.5 米
尾长：12 厘米
体重：25~95 千克
社会单位：群居
分布范围：全世界，除了极地地区

山羊最主要的特征是角呈弯刀或军刀形状。考古研究证明，它们估计在 1 万年前被驯化，由于过程长，有很多不同的品种。非常敏捷，善于攀缘。家养山羊主要用于生产奶、肉以及毛皮。

Ovis ammon

盘羊

体长：1.2~2 米
尾长：15 厘米
体重：65~180 千克
社会单位：群居
保护状况：近危
分布范围：亚洲中部

盘羊是野生绵羊中体形最大的一种。雌雄都有角。雄性的角更大，更引人注目，角可达 1.5 米长，形状像开塞钻，朝头两侧生长。老年盘羊的角可以绕一个圈。它们的毛是淡棕色的，背部和四肢有些部分是白色的。一年褪毛 2 次。夏季毛颜色更深，冬季毛更长。栖息在山区、裸露出岩石的地方、高海拔的牧场，很少生活在开放的沙漠里。具有社会性，生活在多达 100 个成员的群里。在交配期，雄性为了雌性群而争斗，争斗很激烈，用它们的头全速撞击。每胎可产 1 或 2 只幼崽，幼崽和母亲一起单独生活数天后同群体分开。幼崽大约 4 个月断奶。

群体驯养
它们结群的本能以及缺乏“领导”意识，因而便于驯养。

Ovis aries

绵羊

体长：1.2~1.8 米
尾长：12 厘米
体重：45~160 千克
社会单位：群居
分布范围：全世界

绵羊的驯养是在至今 0.9 万 ~1.1 万年前，驯养的目的是取其肉、奶、毛和皮。因羊毛上面有油脂物质，所以是防水的。有一种特有的香味被称作羊毛脂，这种羊毛脂是由毛管里的皮脂腺分泌的，提取之后可用于生产美容产品。当绵羊回到野外生活后，绒毛会慢慢褪掉，长出和其他野生种类相似的粗毛。人类已培育出大约 1200 个品种的绵羊，其中 148 个在近 100 年内灭绝。如今在全世界有 1 万亿只以上的家养绵羊，但这加快了很多当地物种灭绝的速度。

图书在版编目（CIP）数据

国家地理动物百科全书．哺乳动物．有蹄动物 / 西班牙 Sol90 出版公司著；任艳丽译．-- 太原：山西人民出版社，2023.3

ISBN 978-7-203-12511-2

Ⅰ．①国… Ⅱ．①西… ②任… Ⅲ．①哺乳动物纲—青少年读物 Ⅳ．① Q95-49

中国版本图书馆 CIP 数据核字 (2022) 第 244665 号

著作权合同登记图字：04-2019-002

国家地理动物百科全书．哺乳动物．有蹄动物

著　　者：西班牙 Sol90 出版公司
译　　者：任艳丽
责任编辑：张书剑
复　　审：刘小玲
终　　审：梁晋华
装帧设计：吕宜昌

出 版 者：山西出版传媒集团·山西人民出版社
地　　址：太原市建设南路 21 号
邮　　编：030012
发行营销：0351-4922220　4955996　4956039　4922127（传真）
天猫官网：https://sxrmcbs.tmall.com　电话：0351-4922159
E-mail：sxskcb@163.com 发行部
　　　　sxskcb@126.com 总编室
网　　址：www.sxskcb.com

经 销 者：山西出版传媒集团·山西人民出版社
承 印 厂：北京永诚印刷有限公司

开　　本：889mm×1194mm　1/16
印　　张：5
字　　数：217 千字
版　　次：2023 年 3 月　第 1 版
印　　次：2023 年 3 月　第 1 次印刷
书　　号：ISBN 978-7-203-12511-2
定　　价：42.00 元